Tom Stonier

Information und die innere Struktur des Universums

Übersetzt von Hainer Kober

Springer-Verlag

Berlin Heidelberg New York
London Paris Tokyo
Hong Kong Barcelona
Budapest

Professor Tom Stonier
838 East Street
Lenox, MA 01240, USA

Übersetzer:

Hainer Kober
W-2251 Nordstrandischmoor, FRG

Titel der englischen Originalausgabe: *Information and the Internal Structure of the Universe*
© Springer-Verlag London Limited 1990
ISBN-13:978-3-540-53825-7   e-ISBN-13:978-3-642-76508-7
DOI: 10.1007/978-3-642-76508-7

Mit 4 Abbildungen

ISBN-13:978-3-540-53825-7

Die Deutsche Bibliothek – CIP-Einheitsaufnahme. Stonier, Tom: Information und die innere Struktur des Universums / Tom Stonier. [Übers.: Hainer Kober]. – Berlin; Heidelberg; New York; London; Paris; Tokyo; Hong Kong; Barcelona; Budapest: Springer, 1991.
Engl. Ausgl. u.d.T.: Stonier, Tom: Information and the internal structure of the universe
ISBN-13:978-3-540-53825-7

56/3140-543210 – Gedruckt auf säurefreiem Papier

Meinen Studenten,
deren Fragen meinem Denken
neue Wege wiesen.

Danksagung

Mein Dank gebührt den Studenten und Kollegen in aller Welt für die vielen anregenden Diskussionen. Besonders nützlich waren die Gespräche mit Andrew Hopkins, Paul Quintas, Mark Seeger, Jefferson Stonier und verschiedenen Kollegen der Bradford University und besonders den Professoren Steven Barnett, Tony Johnson, Derry Jones, Vincent Walker und John West. Zu einer sorgfältigen Durchsicht verschiedener Fassungen des Manuskripts sowie kritischen Anmerkungen erklärten sich freundlicherweise bereit: Philip Barker (Teesside), Brian Garvey (New Jersey), Geoffrey Harrison (York), Neil McEwan (Bradford), Peter Monk (York), James Noras (Bradford) und Jiri Slechta (Leeds). Ihre Beiträge haben mir sehr geholfen, schwerwiegende Fehler zu vermeiden und ein komplexes und strittiges Thema in einer logischeren und überzeugenderen Form zu präsentieren. Mein besonderer Dank gilt Neil McEwan für die Diskussionen, die zur Quantifizierung der Relation von Energie und Information führten.

Angesichts der modernen Textverarbeitungssysteme ist die Versuchung groß, die Zahl der Manuskriptfassungen exponentiell anwachsen zu lassen. Ich fürchte, ich bin dieser Versuchung hemmungslos erlegen – wodurch ich nicht nur zu einer schweren Belastung für den Waldbestand und die Umwelt im allgemeinen wurde, sondern auch für die Leidensfähigkeit meiner Sekretärin Marlene Ellison im besonderen. Ich danke ihr für den Gleichmut und die unverwüstliche gute Laune, mit der sie das getragen hat, von ihrer Tüchtigkeit und ihren Fähigkeiten ganz zu schweigen.

Meiner Frau Judith schulde ich Dank; sie hat für die lebenserhaltenden Rahmenbedingungen gesorgt und der Schwermut und Düsternis, die von Zeit zu Zeit die meisten Autoren heimsuchen, ihre unerschütterliche Zuversicht entgegengesetzt.

Jamie Cameron und John Watson haben mir schließlich in bester verlegerischer Tradition jenes Interesse und jene Unterstützung entgegengebracht, ohne die ein Buch wie dieses niemals das Licht der Welt erblicken würde. Ihnen und dem ganzen Team des Springer-Verlags, vor allem Linda Schofield und Jane Farrell, bin ich zu größtem Dank verpflichtet. Die fachliche Bearbeitung der deutschsprachigen Fassung besorgte Werner Ebeling (Berlin).

Januar 1991 *Tom Stonier*

Inhaltsverzeichnis

Prolog

What is matter?
Never mind!
What is mind?
No matter!

(Albert Baez, 1967)

Materie und Energie bestimmen die äußere Struktur des Universums. Die äußere Struktur des Universums ist unseren Sinnen leicht zugänglich.

Die innere Struktur ist weniger offenkundig. Ihre Organisationsweise entzieht sich unserer Wahrnehmung. Sie besteht nicht nur aus Materie und Energie, sondern auch aus Information.

Zu Materie und Energie haben wir eine physische Beziehung. Wir erkennen sie von frühester Kindheit an. Sie gehören offenbar auch zu unserem Instinkterbe aus der Zeit unserer frühmenschlichen Vorfahren.

Materie ist der Boden, auf dem wir gehen, sind die Steine, die wir werfen, die Objekte, an denen wir uns die Zehen oder den Kopf stoßen. Aus Materie sind die Dinge, die wir handhaben.

Energie ist, was wir wahrnehmen, wenn wir ins Licht blinzeln oder uns in der Sonne wärmen. Energie kann uns Schmerzen verursachen oder uns erschrecken – etwa wenn wir uns die Finger verbrennen, in einem Schiff hin- und hergeschleudert oder von einem Blitz in Angst versetzt werden.

Information spricht unsere Sinne nicht so unmittelbar an. Trotzdem gehört auch sie zu unserer täglichen Erfahrung. Jedesmal wenn wir uns unterhalten, eine Zeitung lesen oder fernsehen, sind wir damit beschäftigt, Information aufzunehmen oder auszutauschen. Doch stets haben wir Information mit Aktivitäten in unserem Inneren – im Inneren unseres Kopfes – assoziiert, mit etwas, das nicht im gleichen Sinne „wirklich" ist, wie es Materie und Energie sind.

Dieses Buch soll einem doppelten Zweck dienen. Erstens, es soll die These prüfen, daß „Information" ebenso zum physikalischen Universum gehört wie Materie und Energie, und untersuchen, welche Konsequenzen diese These für die Physik hätte. Zweitens, es soll eine *Grundlage* schaffen, auf der sich eine allgemeine Informationstheorie entwickeln läßt.

Es liegt jedoch *nicht* in meiner Absicht, mit dieser Arbeit eine allgemeine Informationstheorie zu entwickeln. Vielmehr geht es hier darum, die Möglichkeiten eines neuen Gebietes der Physik, der *Informationsphysik* zu erkunden. Aus Gründen, die dem Leser im Fortgang der Untersuchung einleuchten werden, ist eine solche Erkundung eine *notwendige*, aber nicht *hinreichende* Bedingung zur Entwicklung einer Informationswissenschaft. Ein Teil dieses Materials ist schon andernorts veröffentlicht worden (Stonier 1986a, 1986b, 1987). Ich habe die Absicht, in einem geplanten Buch, *Beyond Chaos*, die Erkenntnisse aus der Informationsphysik mit denen etablierter Wissensbereiche zu verknüpfen – etwa der Kybernetik, Semiotik, Linguistik, Syntax, Semantik, der kognitiven Psychologie und der Erkenntnistheorie, um dergestalt eine Synthese zu entwickeln, welche die Grenzen einer allgemeinen Informationstheorie absteckt. In einem dritten Werk, *Beyond Information*, möchte ich die Evolution der Intelligenz von präbiotischen Systemen (d.h. Systemen, die in der Lage sind ihre Umwelt zu analysieren und so reagieren, daß sich ihre Überlebenschancen erhöhen) bis zu post-humanen Systemen untersuchen. Einen Abriß zu diesem Thema habe ich bereits an anderer Stelle veröffentlicht (Stonier 1988). Alle diese Erkundungen muß ich jedoch damit beginnen, daß ich die materiellen Grundlagen der Information beschreibe und untersuche.

Dilemma des Autors

Eines der Bücher, aus denen ich von Zeit zu Zeit zitieren werde, ist Erwin Schrödingers klassische kleine Schrift *Was ist Leben?* (1944). Im Vorwort bringt er das Dilemma, vor dem auch ich als Autor stehe, auf eine einfache Formel: „Bei einem Mann der Wissenschaft darf man ein unmittelbares, durchdringendes und vollständiges Wissen in einem begrenzten Stoffgebiet voraussetzen. Darum erwartet man von ihm gewöhnlich, daß er nicht über ein Thema schreibt, das er nicht beherrscht." Er fährt dann allerdings fort: „Aber das Wachstum in Weite und Tiefe, das die mannigfaltigen Wissenszweige ... zeigen, stellt uns vor ein seltsames Dilemma. Es wird uns klar, daß wir erst jetzt beginnen, verläßliches Material zu sammeln, um unser gesamtes Wissensgut zu einer Ganzheit zu verbinden. Andererseits aber ist es einem einzelnen Verstande beinahe unmöglich geworden, mehr als nur einen kleinen spezialisierten Teil zu beherrschen." Und stellt abschließend fest: Es dürfte „nur den einen Ausweg aus dem Dilemma geben: daß einige von uns sich an die Zusammenschau von Tatsachen und Theorien wagen ... und Gefahr laufen, sich lächerlich zu machen."

An anderer Stelle führt Schrödinger aus, „daß die lebende Materie zwar den bis jetzt aufgestellten ‚physikalischen Gesetzen' nicht ausweicht, wahrscheinlich aber doch auch bisher unbekannten ‚anderen physikalischen Gesetzen' folgt." In gewissem Sinne ist die vorliegende Arbeit als Fortsetzung des von Schrödinger begonnenen Dialogs zwischen Physikern und Biologen zu betrachten – nur daß die Sache diesmal vom Standpunkt des Biologen gesehen wird.

Literatur

A.V. Baez (1967), *The New College Physics*, W.H. Freeman, San Francisco

E. Schrödinger (1944), *Was ist Leben?*, München, Piper, 1989

T. Stonier (1986a), *Towards a new theory of information, Telecom. Policy*, 10 (4), S. 278–281

T. Stonier (1986b), What is information?, in: M.A. Bramer (Hg.), *Research and Development in Expert Systems III*, Cambridge University Press, S. 217–230

T. Stonier (1987), Towards a general theory of information – Information and entropy, *Future Computing Systems*, 2 (3), Abdruck in *Aslib Proc.*, 41 (2) (1989), S. 41–55.

T. Stonier (1988), Machine intelligence and the long-term future of the human species, *AI and Society*, 2, S. 133–139

1. Information: Abstraktion oder Realität?

1.1 Einleitung

Unsere Wahrnehmung der Welt ist ein Produkt unserer geschichtlichen Erfahrung. Historisch betrachtet, hat sich unser Zeitbegriff erst entwickelt, nachdem wir nennenswerte Erfahrungen mit Zeitmaschinen – mechanischen Uhren – gesammelt hatten. Wie G. J. Whitrow (1975) darlegt, haben vor der abendländischen Kultur des 18. Jahrhunderts die meisten Kulturen eine ziemlich vage Vorstellung von der Zeit gehabt und sie eher zyklisch als linear verstanden [S. 11]. Uhren schieden die Zeit von dem Ereignis, das der Mensch erlebte. Mit der Erfindung einer funktionsfähigen Pendeluhr hat Christian Huygens die Welt Mitte des 17.Jahrhunderts mit einem Instrument versorgt, das die Zeit in kleinen, gleichen und wiederholten Einheiten zu definieren vermochte. Im übrigen konnte Großvaters Uhr im Prinzip ewig gehen. So war die abendländische Kultur von dem Gefühl durchdrungen, daß die Zeit Minute um Minute verstreicht und die Eigenschaften der Homogenität und Kontinuität besitzt – eine Kraft eigener Art ist [S. 21-22].[1]

Entsprechend begann man, Energie erst dann vom Materiebegriff zu lösen, als man Energiegeräte entwickelt hatte. Vorher gab es keine Trennung zwischen Materie und Energie. Ein Objekt war warm oder kalt, wie es hart oder weich war. Das waren Eigenschaften besonderer Materialien. Wolle war warm, Metall kalt. Wolle war weich, Metall hart. Daß sich Metall erwärmen läßt, war mit der aristotelischen Auffassung der vier Elemente zu erklären – Erde, Wasser, Luft und Feuer. Wenn man ein Metall erwärmte, fügte man einfach mehr Feuer hinzu.

Die Grundlagen der modernen Physik wurden vor etwa vier Jahrhunderten gelegt, als Galilei bei der Untersuchung der Flugbahnen von Kanonenkugeln Kraft und Bewegung zu analysieren begann. Genauso bedurfte es der Erfahrung eines Jahrhunderts mit der Dampfmaschine, bevor die Disziplin der Thermodynamik entstand. Erst die Erfahrung mit einer Energiemaschine zwang zu einer klareren Definition des Energiebegriffs.

Heute befinden wir uns in einer entsprechenden historischen Situation. Noch vor kurzem hatten wir kaum generelle Erfahrungen mit Informationsmaschinen. Wir verfügen nun über eine neue Erfahrung: Computer – elektronische Geräte, die in der Lage sind, Information zu verarbeiten. Dieser Prozeß war vorher nur

---

[1] Unlängst hat G. Szamosi (1986) überzeugend vorgetragen, der Ursprung des abendländischen Zeitbegriffs sei bei den mittelalterlichen Musikern zu suchen, die bei der Entwicklung der Polyphonie gezwungen waren, die zeitlichen Strukturen der verschiedenen Melodien festzuhalten.

innerhalb des menschlichen Kopfes vollziehbar. Immer häufiger fordern Informatikpraktiker – Softwarehersteller, Nachrichtentechniker, Lehrer und Ausbilder – ein besseres theoretisches Gerüst. So verlangt Gordon Scarrott (1986) eine „Informationswissenschaft", die „natürliche Informationseigenschaften wie Funktion, Struktur, dynamisches Verhalten und statistischen Merkmale" erforschen soll. Auf diese Weise werde man „zu einem begrifflichen Rahmen gelangen, an dem sich die Systemplanung orientieren kann". Die Bedürfnisse von Systemplanern, Bibliothekaren und anderen Spezialisten haben nicht nur das Interesse für die Informationstechnologie verstärkt, sondern das gesamte Erscheinungsbild unserer Zivilisation hat sich unter dem Einfluß der maschinellen Datenverarbeitungssysteme und ihres Produkts, der künstlichen Intelligenz, entscheidend verändert (vgl. Stonier, 1981, 1983, 1988).

Im 20. Jahrhundert gab es noch zwei weitere Entwicklungsstränge, die uns den Eindruck vermittelten, Information sei mehr als nur das, womit wir in unseren Köpfen umgehen: Erstens, die Arbeit der Telefoningenieure, die gemeinsam mit ihren Kollegen von Telegraphie und Funk für rasche Fortschritte auf dem Gebiet der physikalischen Informationsübertragung sorgten (vgl. den Überblick von Colin Cherry 1978), und zweitens der eindeutige Nachweis, daß die DNA der Träger der genetischen Information ist, die festlegt, ob sich aus einer einzelnen Zelle eine Sonnenblume, eine Maus oder ein Mensch entwickelt. Beim Menschen ist die Information der DNA verantwortlich für Geschlecht, Augenfarbe, Blutgruppe und die unzähligen anderen Merkmale, die jedem Menschen seine Besonderheit verleihen. Die DNA, eine konkrete Substanz, trägt Information, und das schon seit mehr als einer Milliarde Jahren. Hingegen ist zu bezweifeln, daß es menschliche Gehirne länger als fünf Millionen Jahre gibt. Biologische Informationssysteme gab es folglich lange vor der Evolution des menschlichen (oder irgendeines anderen) Gehirns.

1.2 Kann es Information außerhalb des menschlichen Gehirns geben?

Vom Menschen geschaffene oder gesammelte Information kann außerhalb seines Gehirns gespeichert werden. Unsere Zivilisation hat ganze Institutionen ins Leben gerufen, um Information außerhalb unseres Gehirns zu speichern: Bibliotheken, Kunstgalerien, Museen. Menschliche Information, das heißt vom Menschen geschaffene Information, kann in Mustern von Energie oder Materie vorliegen, deren *physikalische* Wirklichkeit vom Menschen unabhängig ist. Radiowellen, Computerdisketten und Bücher sind nur drei Beispiele. Auch wenn Funkwellen bei der Ausbreitung im Raum schwächer und schwächer werden, bis sie ganz verschwinden, auch wenn die Information auf Computerdisketten im Laufe der Zeit verlorengehen kann und Bücher verschimmeln oder auf andere Weise zerstört werden – eine Zeitlang besitzt die Information eine *physikalische* Wirklichkeit, als wäre sie ein materielles Produkt wie ein Auto. Der Umstand, daß ein Auto rosten und zu einem Haufen Schrott verkommen kann, ändert nichts an seiner *physikalischen Wirklichkeit*.

Im Gegensatz zu einem Auto ist die Information aber von flüchtiger Art. Deshalb mag es töricht erscheinen, ein Informationsprodukt, wie etwa einen Gedanken, der auf einem Stück Papier festgehalten wurde, mit einem materiellen Produkt wie einem Auto zu vergleichen. Trotzdem ist der Vergleich zulässig und erscheint vielleicht einleuchtender, wenn wir ein anderes vom Menschen geschaffenes flüchtiges Produkt betrachten – die Elektrizität, die wir aus der Steckdose beziehen. Wenn wir das (elektrische) Licht im Zimmer ausschalten, bleibt nichts übrig, was erkennen läßt, daß eine bestimmte Menge Elektrizität an die Wohnung abgegeben wurde. Trotzdem besaß die Elektrizität, die vom Kraftwerk geliefert wurde, physikalische Wirklichkeit. Entsprechend verschwindet ein Gedanke, der in diesem Zimmer ausgesprochen wird, soweit es den konkreten Ausdruck des Gedankens, die Schallwellen, angeht. Doch können sowohl die Elektrizität als auch der Gedanke gespeichert werden – erstere beispielsweise in einer Batterie, letzterer auf Tonband oder in Buchform. Wir billigen vom Menschen geschaffenen Artefakten wie dem Auto oder vom Menschen erzeugter Energie wie der Elektrizität für den Haushalt eine physikalische Realität zu. Folglich müssen wir anerkennen, daß auch vom Menschen geschaffene Information in einer physikalischen Form existiert.

Wir sagen, ein Buch enthält Information, halten es aber deshalb noch nicht für einen Menschen. Folglich müssen wir auch einräumen, daß Information unabhängig vom Menschen existieren kann. Es läßt sich einwenden, daß das Buch – und die darin enthaltene Information – nutzlos ist, wenn es nicht von einem Menschen gelesen wird. Das ist richtig. Es ändert aber nichts an der Tatsache, daß die Information vorhanden ist, gewissermaßen auf Abruf. Das Problem ähnelt der alten Streitfrage: „Wenn ein Baum umstürzt und niemand da ist, der es hört, macht er dann ein Geräusch?" Die Antwort lautet *nein*, wenn man darauf besteht, daß ein Geräusch nur vorliegt, wenn ein menschliches Trommelfell in Schwingungen versetzt wird. Mit *ja* ist die Frage indessen zu beantworten, wenn man das Geräusch als ein Muster komprimierter Luft definiert, das durch den umstürzenden Baum hervorgerufen wird.

Die erste Interpretation ist egozentrisch und verhindert jegliche intelligente Analyse der Außenwelt. In einer modernen Entsprechung der „Trommelfell-Interpretation" würde man behaupten, daß das Licht in einem Zimmer nicht mehr scheine, sobald man den Raum bei brennendem Licht verlassen habe. Oder daß es im Zimmer keine Radiowellen mehr gebe, sobald wir das Radio ausgeschaltet hätten.

Am Radio wird ein wichtiger Aspekt deutlich. Die elektromagnetische Strahlung, aus denen die Radiowellen bestehen, enthält viel Information. Doch wir können diese Information erst wahrnehmen, wenn wir einen *Detektor*, ein Radio, haben. Dann und nur dann können unsere Trommelfelle die Information entdecken.

1.3 Kann Information außerhalb des menschlichen Gehirns verarbeitet werden?

Computer können wie Bücher und Schallplatten Information speichern. Doch sie können außerdem auch Information verarbeiten. Die Information, die aus einem Computer herauskommt, kann ganz anders sein als die Information, die in ihn eingetreten ist. Auf der einfachsten Rechenebene gibt der menschliche Operator zwei Zahlen ein, sagen wir „2" und „3", dazu den Befehl, sie zu addieren. Der Computer verarbeitet diese Information und gibt „5" aus, ein Symbol, das der menschliche Operator nicht eingegeben hat. Im Zeitalter des Taschenrechners sind wir von diesem Vorgang nicht mehr zu beeindrucken. Auch nicht, wenn uns der Rechner im Handumdrehen die Quadratwurzel von 14,379 auswirft. „Er befolgt ja bloß ein Programm", lautet unsere etwas simple Erklärung. Doch in unserem anthropozentrischen Eifer, die Möglichkeit auszuschließen, daß Computer zu rudimentären Formen des Denkens fähig sein könnten, übersehen wir, daß sich die Information, die in den Computer hineingekommen ist, von der Information unterscheidet, die aus ihm herausgekommen ist. Der Computer hat die Information verarbeitet. Insofern unterscheidet er sich grundlegend von einem Buch oder Plattenspieler. Dort wird die eingegebene Information unverändert wieder ausgegeben.

Computer können logische sowie mathematische und algebraische Operationen ausführen. Hochentwickelte („intelligente") Datenbasen können Antworten produzieren, die auf einer Kombination aus Daten und Logik beruhen. Beispielsweise kann die Personaldatenbasis eines großen Unternehmens auf die Frage „Wer ist der Vorgesetzte von Frank Jones? " mit der Antwort „John Smith" aufwarten, obwohl diese spezielle Information nie in den Computer eingegeben wurde. Gefüttert wurde er lediglich mit dem Namen und der Position jedes Angestellten sowie der Angabe, in welcher Abteilung er arbeitet. Das blieb im Bereich bloßer Datenspeicherung. Außerdem erhielt der Computer bestimmte logische Anweisungen, die ihm vorgeben, wie er mit der Datenbasis zu verfahren hat. So vermag der Computer anhand der Anweisung „Der Abteilungsleiter ist der Vorgesetzte jedes Angestellten, der in dieser Abteilung arbeitet" mit Hilfe logischer Operationen den Schluß zu ziehen, daß John Smith einem Unternehmensbereich vorsteht, zu dem Frank Jones gehört. Ein Kleinkind, das zu einer solchen Leistung imstande wäre, würde als sehr klug gelten.

1.4 Formen menschlicher Information und ihrer Kommunikation

Wie es verschiedene Energieformen gibt – mechanische, chemische, elektrische, nukleare Energie, Wärme-, Schall-, Licht-Energie und so fort –, so gibt es auch verschiedene Informationsformen. Menschliche Information stellt nur eine Form von Information dar. Mit nichtmenschlichen Arten wollen wir uns später beschäftigen.

Doch auch menschliche Information läßt sich auf vielfältige Weise speichern und übermitteln und kann unterschiedliche Formen annehmen.

Die Systeme zur Informationsspeicherung und -verarbeitung im menschlichen Gehirn sind so komplex und rätselhaft, daß sie als die letzte große Herausforderung in der Biologie gelten. Im Vergleich zu einem Computer erweist sich das menschliche Gehirn in mindestens drei Bereichen als erheblich komplexer (vgl. den Überblick von Stonier 1984). Erstens, die Schaltstruktur ist ungleich komplizierter. Das Gehirn enthält nicht nur ungefähr 10^{11} Zellen, sondern jede einzelne Gehirnzelle kann auch mit Tausenden anderer Zellen verknüpft sein. Das einzelne Neuron ist also eher mit einem Transputer als mit einem Transistor zu vergleichen. Zweitens, das Übertragungssystem ist anders. In einem Computer haben wir es mit Elektronen zu tun, die sich in einem Leiter bewegen. Dagegen breiten sich Nervenimpulse durch fortlaufende Depolarisation von Zellmembranen aus. Dank dieses Mechanismus läßt sich das Übertragungssystem feiner regulieren. Das führt uns zum dritten grundlegenden Unterschied: Die gegenwärtig verwendete Computergeneration verarbeitet Information digital. Im menschlichen Nervensystem gibt es Dutzende von Neurotransmittern und verwandten Stoffen, die Nervenimpulse verstärken oder hemmen können – das ganze System ist ein fein abgestimmtes und integriertes Netzwerk von analogen Funktionseinheiten.

Die Information im Kopf eines Menschen muß sich folglich von der Information in einem Computer unterscheiden. Auch die Formen, die die Information annimmt, wenn sie zwischen zwei Menschen, zwei Computern oder zwischen Menschen und Computern übertragen wird, müssen sich unterscheiden. Wie die Information viele Erscheinungsformen kennt, so gibt es auch viele *Mittel* zur Übertragung oder Umwandlung von Information. Nehmen wir beispielsweise die Information auf dieser Seite. Sie wird auf das Auge des Lesers durch Licht übertragen. Das auf die Netzhaut einwirkende Licht wird in Nervenimpulse verwandelt, die sich durch sequentielle Membrandepolarisation ausbreiten. An den Synapsen zwischen den Nervenzellen des Gehirns wird die Information in die impulsartige Ausschüttung chemischer Neurotransmitter verwandelt, die ihrerseits weitere sich in viele Richtungen verzweigende Nervenaktivitäten auslösen. Letztlich führen diese Ereignisse zu einer Fülle von Gehirnfunktionen: Kurzzeitgedächtnis, dem Vergleich zwischen Informationen, die auf vielen Ebenen gespeichert sind (vom Vergleich gedruckter Buchstaben und Wörter und ihrer Bedeutung bis hin zum Vergleich zwischen den Auffassungen dieses Buches und der Weltanschauung des Lesers), Langzeitgedächtnis und die unzähligen anderen, immer noch rätselhaften Gedankenprozesse, die mit der Aneignung und Analyse neuer Information zu tun haben.

Irgendwann in der Zukunft wird der Leser vielleicht die im Gehirn gespeicherten, neuronalen Informationsmuster über Nervenimpulse an die Stimmbänder in Schallwellen umwandeln. Schallwellen stellen eine mechanische Codierung der Information dar. Die Schallwellen wirken auf die Ohren des Hörers ein, wo die Information nun durch die Bewegung winziger härchenartiger Organellen des Innenohrs aus Impulsen mechanischer Energie in Nervenimpulse umgewandelt werden. Diese Nervenimpulse gelangen in das Gehirn des Hörers, wo die Information einem ähnlichen Verarbeitungsprozeß unterworfen wird, wie er ursprünglich im Gehirn des Lesers stattgefunden hat.

Der Leser könnte aber auch in ein Telefon sprechen, wo die Information aus den Mustern komprimierter Luft, die sich mit Schallgeschwindigkeit ausbreiten, in Elektronenimpulse verwandeln, die sich in einem Kupferdraht fast mit Lichtgeschwindigkeit bewegen. Die Elektronenimpulse im Kupferdraht könnten ihrerseits in Lichtimpulse verwandelt werden, die sich in einer optischen Faser entlangbewegen. Wenn der Leser in das Mikrofon eines Radiosenders spricht, wird die Information in Muster elektromagnetischer Wellen umgeformt, die den Äther durchqueren, und wenn er seine Worte auf Tonband festhält, so werden die elektronischen zu magnetischen Impulsen, die auf dem Band „erstarren", weil sich die Atome unter dem Einfluß des Magnetismus auf dem Band zu konkreten Informationsmustern anordnen.

In diesen Beschreibungen erkennen wir eine Reihe von Zyklen, die die Kommunikation menschlicher Information verdeutlichen. Vergegenwärtigen wir uns noch einmal, die Information breitete sich aus in Form von:

1. Lichtmustern (vom Buch zum Auge).
2. Impulsen einer Membrandepolarisation (vom Auge zum Gehirn).
3. Impulsen chemischer Substanzen (zwischen einzelnen Nerven).
4. Impulsen komprimierter Luft, d.h. Schallwellen (vom Kehlkopf des Sprechers ausgesandt).
5. Impulsen mechanischer Verformung in flüssigen oder festen Körpern (im Innenohr oder in der Sprechkapsel des Telefons).
6. Elektronenimpulsen in einem Telefonkabel.
7. Lichtimpulsen in optischen Fasern.
8. Impulsen von Radiowellen.
9. Magnetischen Impulsen (in der Hörmuschel des Telefons oder im Lautsprecher eines Radios).

Gespeichert wurde die Information in einem Buch, im menschlichen Gehirn und auf einem Magnetband. Im ersten Falle beruhte der Vorgang auf Mustern von Farbmolekülen, im zweiten vermutlich auf Mustern von Neuronenverbindungen und im letzten auf Mustern von magnetisierten Regionen. Die Umwandlung der Information von einer Form in eine andere geschah in der Netzhaut des Auges, an den Synapsen zwischen Nervenzellen, im Kehlkopf, im Innenohr, im Telefon, im Radiosender, im Radioempfänger und im Tonbandgerät.

Dem Leser hätten auch andere Speicherformen zur Verfügung gestanden: ein Computer etwa, ein Aktenordner, in den er Fotokopien hätte einheften können, oder eine Schreibmaschine. Hier wären wiederum Muster von Farbmolekülen verantwortlich gewesen, die Papiermoleküle überlagert hätten. Menschliche Information läßt sich auf die unterschiedlichste Art speichern – von der Höhlenmalerei und der Bearbeitung von Holz und Stein bis hin zu Blasenspeichern und Nachrichtensatelliten; und ständig kommen neue Möglichkeiten hinzu.

Wichtig ist in diesem Zusammenhang, daß an den Mitteln zur Informationsverbreitung, wie die Liste mit den neun Beispielen zeigt, in der Regel Wellen*impulse* beteiligt sind (Licht-, Schall- und Radiowellen), Elektronen*impulse* oder *Impulse*, die auf Stoffe oder ihre Organisation einwirken. Den Umstand, daß sich Information in kleine, diskrete Pakete aufteilen läßt, machen sich die Nachrichtentechniker zunutze, so daß mehrere Nutzer dasselbe System gleichzeitig benutzen können. Seit den Pionierarbeiten von Hartley, Shannon und anderen gehört die Vorstellung, daß Information eine unabhängige Einheit ist, zu den selbstverständlichen Voraussetzungen der Nachrichtentechnik. So heißt es beispielsweise in einer grundlegenden Schrift wie *Information Theory and its Engineering Application* (1968) von D.A. Bell unmißverständlich auf S. 1: „Information ... ist eine meßbare Größe und unabhängig von dem konkreten Medium, durch das sie übertragen wird." Das heißt nicht unbedingt, daß sie auch eine *physikalische* Realität besitzt. Bell vergleicht Information mit dem abstrakteren Begriff „Muster". Er impliziert jedoch eine eigenständige Existenz.

Obwohl die Nachrichtentechniker die Information als abstrakte Größe behandeln, folgen sie diesem Gedanken nicht bis in seine letzte logische Konsequenz – nämlich daß Information *existiert*. Die Schwierigkeit, Information als physikalische und intrinsische Eigenschaft des Universums anzuerkennen, rührt vielleicht daher, daß wir selbst so tief in ihre Verarbeitung und Übertragung verstrickt sind.

1.5 Biologische Informationssysteme

Während der letzten Jahrzehnte war einer der größten Fortschritte in der Biologie die Entschlüsselung der DNA (Desoxyribonukleinsäure). Man hat nämlich nicht nur überzeugend nachgewiesen, daß die DNA Trägerin der Information ist, die von einer Generation auf die nächste übertragen wird, sondern man hat auch den Code entschlüsselt, mit dessen Hilfe die Nachrichten weitergegeben werden. Neben anderen interessanten Erkenntnissen haben die Biologen herausgefunden, daß die von diesem Informationssystem übertragenen Nachrichten offenbar von allem auf unserem Planeten vorkommenden Lebensformen – Bakterien und Sonnenblumen, Mäusen und Menschen – verstanden werden. Die Menge und Beschaffenheit der in der DNA enthaltenen Information kann zwar von einem Organismus zum anderen verschieden sein, doch die Art und Weise, wie sie in einem DNA-Molekül verschlüsselt ist, bleibt sich gleich.

Der Umstand, daß das gleiche Stück DNA ähnliche Konsequenzen in verschiedenen Organismen hervorruft, ist die entscheidende Information für die neueste der Hightech-Industrien, die industrielle Anwendung der Gentechnik. Sie ist aber auch von großem theoretischen Interesse für Wissenschaftler, die den Krebs und andere biologische Phänomene untersuchen (beispielsweise hat man nachgewiesen, daß bestimmte parasitäre Bakterien einen großen DNA-Abschnitt auf die Zellen ihrer Wirtspflanze übertragen, den Zellen also neue genetische Information zuführen und sie dadurch veranlassen, krebsartig zu werden).

Nachdem man herausgefunden hatte, daß die DNA-Struktur übertragbare Information enthält, stellte man fest, daß auch andere Makromoleküle und Zellstrukturen Information tragen – etwa RNA (Ribonukleinsäure), Strukturproteine und

Membranen. Diese Substanzen können entweder in der Zelle repliziert werden (wobei sie die Information auf die nächste Generation von Molekülen übertragen) oder entscheidende Bedeutung für das eigene Wachstum gewinnen, indem sie als Matrizen dienen, die die künftige Organisation der Atome und Moleküle bestimmen.

Die nicht-zufällige Verteilung von Atomen und Molekülen in lebenden Systemen, das heißt, *die komplizierte Organisation von Materie und Energie, die jenes Phänomen ermöglicht, welches wir Leben nennen, ist ihrerseits ein Ergebnis der umfangreichen gespeicherten Informationen, die diese Systeme enthalten.*

1.6 Anorganische Informationssysteme

Gelten diese Prinzipien auch für einfachere, nicht-lebende Organisationsformen? Betrachten wir das Wachstum von Kristallen. Die gesamte Chip-Industrie beruht auf der Erkenntnis, daß man eine extrem reine Siliciumform erhalten kann, indem man Siliciumkristalle in geeigneten Lösungen „züchtet". Noch dramatischer ist das „Wachstum" eines anorganischen Kristalls bei der autokatalytischen Reaktion, wenn man einen kleinen Kristall Mangandioxyd (MnO_2) in eine Kaliumpermanganatlösung ($KMnO_4$) fallen läßt, woraufhin diese sich in die kristalline Form verwandelt. Die Organisation, das heißt, die räumliche Anordnung der Atome in einem solchen Kristall fungiert als Matrize für andere Atome, die hinzugefügt werden, so daß Moleküle, die sich zufällig in einer Lösung umherbewegen, in eine nicht-zufällige Anordnung eingebunden werden – wodurch Ordnung aus Chaos entsteht (vgl. Prigogine und Stengers 1985).

Seit einigen Jahren beschäftigt sich eine ganz neue Forschungsrichtung mit der Möglichkeit, daß an der Entstehung des Lebens Tonminerale beteiligt waren (vgl. den umfassenden Überblick bei Cairns-Smith und Hartman 1986). Tonminerale sind aperiodische Kristalle, deren prinzipiell kristalliner Charakter für eine grundlegende Regelmäßigkeit sorgt. Wie dort angeführt wird [S. 23], wird diese Regelmäßigkeit „stets durch Unregelmäßigkeiten moduliert, die im Prinzip Information enthalten könnten". Laut Alan Mackay, einem der Autoren des genannten Buches, besitzt die kristalline Matrize die Merkmale eines Abakus, auf dem sich eine beliebige Nachricht schreiben läßt. Ferner definiert Mackay ein „nacktes Gen" [S. 142] als System, in dem „eine Nachricht einfach reproduziert wird". Ein nacktes Gen muß ursprünglich zu nichts anderem in Beziehung stehen. A.G. Cairns-Smith beschreibt dann eine Klasse von Objekten, die als „echte Kristallgene" angesehen werden könnten [S. 142-152]. Erstens muß ein echtes Kristallgen sich selbst regelmäßig zusammensetzen, wie es normale Kristalle tun. Wenn die Matrize horizontal ist und wenn sich der wachsende Kristall nach diesem Muster vertikal aufbaut, bringt ein Bruch entlang einer horizontalen Ebene zwei Stücke hervor, von denen das untere das Muster (wie zuvor) von unten nach oben erzeugt, während das obere Stück das gleiche Muster von oben nach unten entwickelt. Tatsächlich werden die beiden Oberflächen, die obere und die untere nicht gleich aussehen, sondern sind spiegelbildlich (enantiomer). In einem solchen System ist die replizierte

Information zweidimensional, während der Informationsträger eine robuste dreidimensionale Struktur hat. Die in ihm enthaltene Information ist hochredundant. Jede stabile Unregelmäßigkeit wird zuverlässig von einer Generation kristalliner Strukturen auf die nächste übertragen, solange es zu keinem seitlichen Wachstum kommt und solange Spaltungen ausschließlich in einer Ebene senkrecht zur Wachstumsrichtung erfolgen. Cairns-Smith untersucht noch weitere funktionsfähige Systeme und gelangt zu dem Schluß, es gebe vier „entscheidende und allgemeine Voraussetzungen" [S. 147]:

(1) *Unordnung*, um für die Informationskapazität zu sorgen; (2) *Ordnung*, die für die Replikationsgenauigkeit verantwortlich ist; (3) *Wachstum*, damit die Information vervielfältigt wird, und (4) *Spaltung* zum Abschluß des Replikationsprozesses.

Von diesen vier allgemeinen Voraussetzungen ist die erste mit Vorsicht zu behandeln: *Unordnung* sorgt *nicht* für Information! Mackays nacktes Gen braucht keine Unordnung, um zu existieren und sich zu vermehren. Unordnung könnte es sogar zerstören! Wie ich im nächsten Kapitel erörtern werde, ist Information eine Funktion der *Organisation*; bringt man ein System in Unordnung, sorgt man dafür, daß es Information *verliert*. Unordnung kann jedoch für den Mechanismus sorgen, der Struktur eines Systems so verändert, daß in ihm eine „Mutation" auftreten kann. Wenn keine Möglichkeit besteht, Variationen einzuführen, dann hat das System auch keine Möglichkeit, sich weiterzuentwickeln. Man sollte Cairns-Smiths erste Voraussetzung deshalb besser etwas anders formulieren: „*Unordnung*, um für *Mutationen* zu sorgen." Der aus der Nachrichtentechnik übernommene Begriff „Informationskapazität" ist also besser durch den biologischen Terminus „Mutation" zu ersetzen.

Die Anwesenheit eines Tonkristall-Gens (das sich formgetreu fortpflanzt) in einer komplexen Umwelt, die aus einer Mischung anderer anorganischer und organischer Stoffe besteht, könnte die Organisation dieser Umwelt beeinflussen. Es könnte sich beispielsweise auf die Bedingungen auswirken, unter denen verschiedene Verbindungen aus einer Lösung ausgefällt werden, oder auch das Wachstum und die Zusammensetzung anderer Tonminerale beeinflussen. Da organische Moleküle auf die Wachstumsrate von Tonkristallen einwirken können, wie umgekehrt Tonminerale organische Substanzen binden können, lassen sich endlose komplexe Gebilde herstellen, die jedoch im Prinzip durch verschiedene Kristallgene stark beeinflußt oder sogar reguliert werden könnten. Wir hätten es also mit einem primitiven Genotyp-Phänotyp-System zu tun.

Die oben genannten Fragen, mit denen sich die verschiedenen Autoren bei Cairns-Smith und Hartman (1986) beschäftigen, sind von großem Interesse; sie sollen in einem zukünftigen Werk genauer behandelt werden (*Beyond Information*).

1.7 Nicht-menschliche Informationsverarbeitung

Die Entdeckung, daß DNA, die man wie ein Kristall in einem Reagenzglas isolieren kann, die Information enthält, die erforderlich ist, um ein Virus oder ein Baby zu reproduzieren, steht für jene Art von geschichtlicher Erfahrung, die uns erlaubte, zwischen menschlicher und nicht menschlicher Information zu unterscheiden. Doch damit ist die Geschichte noch nicht zu Ende. „Information" hat es schon eine Milliarde Jahre vor dem Auftreten der menschlichen Art gegeben – seit einer Milliarde Jahren wird diese Information *verarbeitet*. Die DNA an sich ist nutzlos, wenn die *Information* nicht durch eine Zelle verarbeitet wird. Ein DNA-Kristall in einem Reagenzglas ist wie ein Buch auf einem Regal: Wenn es ungelesen bleibt, kann seine Information nicht nutzbar gemacht werden. Entsprechend verhält es sich mit der DNA: Damit ihre Information eine biologische Funktion wahrnehmen kann, braucht sie die komplexen Mechanismen einer lebenden Zelle, die sie entschlüsseln und verarbeiten. Folglich ist weder Information noch *Informationsverarbeitung* eine ausschließlich menschliche Eigenschaft. Seit den Anfängen des Lebens verarbeiten biologische Systeme Information. Man könnte im Prinzip die gesamte Entwicklungsgeschichte lebender Systeme unter dem Gesichtspunkt ihrer Fähigkeit interpretieren, immer wirksamere Mittel zur Speicherung und Verarbeitung relevanter Information hervorzubringen. Diese Evolution von Informationssystemen führte zu immer komplexeren und differenzierteren Organisationsformen.

Wiederum gibt es keinen Grund, diese Überlegungen nur auf organische Systeme einzuschränken. In gewissem Sinn verarbeitet auch ein Siliciumkristall, der als Matrize dient, während seines Wachstums die Information in seiner Umgebung. Gewiß, diese Form der Informationsverarbeitung ist sehr viel primitiver als die Vorgänge in einer Zelle. Das Wachstum eines Kristalls beruht auf „Hinzufügung", das heißt, es werden einfach extern Siliciumatome angelagert. Dagegen vollzieht sich das Wachstum einer Nukleinsäure metabolisch und interstitiell. Die Zelle nimmt fremde Materie auf, die zu komplexen Untereinheiten wie etwa Purinen oder Pyrimidinen, Ribose oder Desoxyribose verarbeitet werden. Diese verbinden sich mit Phosphorsäure zu Nukleotiden, die im weiteren Verarbeitungsprozeß zu Nukleinsäuren zusammengefügt werden. An allen diesen Vorgängen ist eine sehr komplexe, in ihrer Wirkung verschränkte Gruppe von Enzymen und anderen Bausteinen beteiligt, aus denen sich die Stoffwechselmechanismen der Zelle zusammensetzen. Der Vergleich zwischen dem Wachstum eines Kristalls und der Replikation eines DNA-Moleküls ist etwa wie der Vergleich zwischen der Informationsverarbeitung durch Elektronenrechner der ersten Generation, ENIAC zum Beispiel, und der Informationsverarbeitung modernster Rechner mit neuronalen Netzwerken. Doch mögen sich diese Systeme auch in ihrem Komplexitätsgrad unterscheiden, sie sind alle zur Informationsverarbeitung in der Lage.

1.8 Einige erkenntnistheoretische Überlegungen

Im vorliegenden Buch geht es in erster Linie um Information und die physikalische Struktur des Universums. *Information* in der diesem Werk zugrunde liegenden Bedeutung ist eine Eigenschaft des Universums – ein Teil seiner „inneren" Struktur.

Im Gegensatz zur physikalischen Information gibt es die menschliche Information, die Information, die von Menschen geschaffen, interpretiert, organisiert oder übertragen wird. In seiner traditionellen Verwendungsweise ist der Begriff „Information" auf viele verschiedene, manchmal auch widersprüchliche Arten definiert worden. Einen nützlichen Überblick aus der Sicht eines Informatikpraktikers findet der Leser bei M. Broadbent (1984).

Zum Begriff „Information" gehören auf der einen Seite „Daten" und auf der anderen „Wissen", „Einsicht" und „Weisheit". Ein Datum ist eine kleine Informationseinheit. Gewöhnlich denkt man bei dem Wort Information an organisierte Daten oder „Fakten", die in einem zusammenhängenden Muster angeordnet sind. Doch die Grenzlinie ist immer verschwommen gewesen und soll hier vermieden werden. Ich betrachte menschliche Information als ein Spektrum, wobei ein einzelnes Bit in einem binären System die kleinste Informationseinheit darstellt, während „Wissen", „Einsicht" und „Weisheit" das andere Ende bilden und wachsende Komplexitätsgrade repräsentieren. Informationsmuster brauchen, gleich auf welcher Komplexitätsebene, Sensoren, die sie wahrnehmen, und „Intelligenz", die sie analysiert und verarbeitet. Die Stärke des menschlichen Gehirns liegt in der Verarbeitung der Information zu neuen Mustern. Wissen, Einsicht und Weisheit entsprechen den wachsenden Komplexitätsgraden der im menschlichen Kopf organisierten Information.

Menschliches Wissen läßt sich also beschreiben als organisierte Information im Kopf von Menschen oder in (menschlichen) Informationsspeicher- und Dokumentationssystemen – Büchern, Computerprogrammen, Tonbändern, mittelalterlichen Glasfenstern und so fort. Menschliches Wissen ist die Art, wie Menschen Information zu Mustern organisieren, die Menschen verständlich sind. Insofern repräsentiert Wissen die intellektuellen Konstrukte von Menschen, die menschliche Information organisieren.

Es sei angemerkt, daß ich bei allen diesen Überlegungen der erkenntnistheoretischen Frage nach dem, was erkennbar ist, ausweiche. Menschliche *Information* definiere ich als das, was wahrgenommen, geschaffen oder übertragen wird, ohne mich auf irgendeine Bewertung seiner Richtigkeit oder Zuverlässigkeit einzulassen. Entsprechend definiere ich menschliches *Wissen* als organisierte Information, wobei ich voraussetze, daß es sich um Information handelt, die verarbeitet worden ist, ohne in der gegenwärtigen Analyse die Qualität oder Gültigkeit dieser Verarbeitung zu beurteilen.

Während *Information* eine unabhängige Wirklichkeit besitzt, gilt dies nicht für die *Bedeutung*. Zur Bedeutung gehört die Interpretation von Information in Bezug zu einem *Kontext*. Das setzt ein informationsverarbeitendes System voraus (einen Menschen oder irgendein anderes System), das die Information zu einem solchen

Kontext in Beziehung setzt. Mit anderen Worten, die in einem Buch gespeicherte Information gewinnt erst Bedeutung, wenn es gelesen und verstanden wird. Das gleiche gilt für eine Radiosendung, die erst von einem auf die richtige Frequenz eingestellten Radioapparat entdeckt werden muß. Doch auch dieser Prozeß ist noch keine hinreichende Bedingung. Ein Radio, das Morsezeichen oder eine Sendung in fremder Sprache auffängt, würde Information in einer Form liefern, die sich zwar entdecken, aber nicht unbedingt verstehen läßt. Das gleiche gilt für ein Buch, das in einer fremden, für den Leser nicht verständlichen Sprache geschrieben ist.

Wir dürfen also die Entdeckung und/oder Interpretation der Information nicht mit dieser selbst verwechseln. Muster elektromagnetischer Strahlung im Zimmer oder Druckzeichen auf einer Seite enthalten Information, gleichgültig, ob ich das Radio einschalte oder das Buch öffne. Das ist auch richtig, wenn die Sendung aus dem Weltraum kommt und in einer nichtmenschlichen Sprache abgefaßt ist oder wenn das Buch in einer „toten" Sprache geschrieben ist, die kein Mensch mehr versteht.

In der vorliegenden Arbeit, und das ist von entscheidender Bedeutung für die gesamte Untersuchung, *wird zwischen Information und dem System unterschieden, das diese Information interpretiert oder in irgendeiner anderen Weise verarbeitet.* Wenn ein DNA-Molekül Information enthält, wird der Ausdruck dieser Information erst Gestalt annehmen, wenn er von einer Zelle verarbeitet worden ist. Es gibt jedoch einen Unterschied zwischen der Codierung des DNA-Moleküls und der Zelle, die diese Codierung interpretiert oder verarbeitet. Die Codierung repräsentiert reine Information, während die Zelle das Verarbeitungssystem der Information ist. Entsprechend enthält ein Buch die Information, während der Leser das Verarbeitungssystem darstellt.

Literatur

D. A. Bell (1968), *Information Theory and its Engineering Application*, 4. Auflage, Sir Isaac Pitman & Sons, London

M. Broadbent (1984), Information management and educational pluralism, *Education for Information*, 2, S. 209–227

A. G. Cairns-Smith und H. Hartman (1986), *Clay Minerals and the Origins of Life*, Cambridge University Press

C. Cherry (1978), *On Human Communication*, 3. Auflage, MIT Press, Cambridge (Mass.)

A. L. Mackay (1986), The crystal abacus, in: A.G. Cairns-Smith und H. Hartman (Hg.), *Clay Minerals and the Origin of Life*, S. 140–143, Cambridge University Press

I. Prigogine und I. Stengers (1985), *Order out of Chaos*, Flamingo/Fontana, London [deutsch: Dialog mit der Natur, 5. erw. Aufl., München, Piper, 1986]

G. Scarrott (1986), The need for a „science" of information, *J. Inform. Technol.*, 1 (2), S. 33–38

T. Stonier (1981), The natural history of humanity: past, present and future, *Int. J. Man-Machine Stud.*, 14, S. 91–122

T. Stonier (1983), *The Wealth of Information: A Profile of the Post-Industrial Society*, Thames/Methuen, London

T. Stonier (1984), Computer psychology, *Educational and Child Psychol.*, 1 (2 & 3), S. 16–27

T. Stonier (1986a), Towards a new theory of information, *Telecom. Policy*, 10 (4), S. 278–281 (Dez.)

T. Stonier (1986b), What is information?, in: M. A. Bramer (Hg.), *Research and Development in Expert Systems III*, Cambridge University Press, S. 217–230

T. Stonier (1987), Towards a general theory of information – Information and entropy, *Future Computing Systems*, 2(3), Abdruck in *Aslib Proc.*, 41 (2), S. 41–55 (1989)

T. Stonier (1988), Machine intelligence and the long-term future of the human species, AI & Society, 2, S. 133–139

G. Szamosi (1986), *The Twin Dimensions: Inventing Time and Space*, McGraw-Hill, New York

G. J. Whitrow (1975), *The Nature of Time*, Penguin Books

2. Informationsphysik: Eine Einführung

2.1 Die Realität von Information

Um es noch einmal zu wiederholen: *Information existiert*. Um zu existieren, muß sie nicht *wahrgenommen* werden und nicht *verstanden* werden. Sie bedarf keiner Intelligenz, die sie interpretieren kann. Sie braucht keine Bedeutung, um zu existieren. Sie existiert einfach.

Ohne diese Erkenntnis läßt sich weder das materielle Universum verstehen noch der Versuch unternehmen, eine allgemeine Informationstheorie zu entwickeln. Und ohne eine solche Theorie können wir Nachrichtentechnik und Softwareherstellung nicht in eine Wissenschaft verwandeln, können wir Verhalten höher entwickelter Systeme biologischer, sozialer und wirtschaftlicher Art nicht wirklich begreifen.

Fassen wir dieses Argument noch einmal zusammen. Ein Buch enthält Information, ob es gelesen wird oder nicht. Die Information ist vorhanden, auch wenn sie keinem menschlichen Leser übermittelt wird. Selbst wenn das Buch finnisch geschrieben ist, in einer Sprache also, die für einen englischen Leser denkbar unverständlich ist, enthält es Information.

Ein englischer Leser, der versucht, ein finnisches Buch zu entziffern, ist ein Beispiel für die Dichotomie zwischen Information und Bedeutung. Eine generelle Analyse von „Büchern" zeigt, daß sich die Beziehung zwischen *Information* und *Bedeutung* über ein ganzes Spektrum verteilt. Aus diesem Grunde herrscht so große Unklarheit: Das Phänomen, das wir „Bedeutung" nennen, entspricht einem Gradienten von Beziehungen zwischen materieller Information und geistigen Interpretationen.

An dem einen Extrem dieses Spektrums befinden sich Bücher, die in unserer Muttersprache geschrieben sind und in ihrem Anspruchsniveau unserer Vertrautheit mit dem Thema entsprechen. Ein solches Buch *enthält* nicht nur viel Information, es *überträgt* auch viel Information. Es ist dazu in der Lage, weil die Information Bedeutung für uns besitzt. Dies wiederum ist der Fall, weil wir fähig sind, die übertragene Information in einen persönlichen *Kontext* einzuordnen. Ein solcher Kontext besteht aus Wissensstrukturen in unserem Gehirn, die als *Informationsumgebung* für eine bestimmte neue Information dienen können. Je reichhaltiger diese innere Informationsumgebung ist, desto größer der Kontext, in die neue Information eingeordnet werden kann, das heißt, desto mehr Bedeutung gewinnt sie. Die übertragene Information hängt also von der intellektuellen Informationsumgebung ab, die im Gehirn des Lesers in Form von Wissensstrukturen bereits angelegt ist.[2]

Kehren wir zu unserem Spektrum zurück: Als nächstes folgen Bücher, die in unserer Muttersprache geschrieben sind, aber ein uns fremdes Thema behandeln. Unbekannte Fachwörter und Begriffe erschweren ihr Verständnis. Das gleiche gilt, wenn sich ein Kind eine Lektüre wählt, die nicht seinem Lesealter entspricht. Wie hier die dem Leser vermittelte Informationsmenge zurückgeht, zeigt auch ein Vergleich zwischen „anspruchsvollen" Zeitungen und den Erzeugnissen der Boulevardpresse. Erstere wenden sich in Wortschatz und Stil an eine Zielgruppe mit einem Lesealter von ungefähr 16 Jahren, letztere an ein Lesealter von 12 Jahren. Erwachsene, die aufgrund ihres Bildungsstandes nicht in der Lage sind, die *Times* vollständig zu verstehen, haben keine Schwierigkeiten mit Illustrierten. Deshalb enthält die *Times* aber nicht weniger Information.

Auf dem Weg die Bedeutungsleiter hinab folgen Bücher in einer unbekannten Fremdsprache. Für jemanden, der nur englisch spricht, besitzen die westeuropäischen Sprachen wahrscheinlich stets einige Wörter, die er leicht erkennt. Die Wendungen und Sätze haben jedoch keine Bedeutung für ihn. Bücher in nicht-indogermanischen Sprachen, wie beispielsweise dem Finnischen, sind für den englischen Leser praktisch ohne Bedeutung. Allerdings sind ihm die Buchstaben vertraut. Das Buch besitzt für ihn also noch auf zwei Ebenen Bedeutung: Er erkennt das Buch als Buch, und er erkennt die Buchstaben. Sie behalten ihre Bedeutung für den Leser.

Anders ist es, wenn das Buch ins Arabische übersetzt wird. Der Leser vermag den Buchstaben jetzt keine Bedeutung mehr zu entnehmen. Der Text vermittelt ihm *fast* keine Information mehr, obwohl die sprachliche Information, die in dem Buch *enthalten* ist, gegenüber dem englischen Original praktisch unverändert ist.

Der Leser wird jedoch dank seiner generellen Kenntnis von Büchern immer noch zwei Dinge bemerken: Erstens, daß das Buch ein Buch *ist*. Zweitens, daß die merkwürdigen Zeichen auf den Seiten ein Muster von Abstraktionen darstellen, die für jemanden, der die Bedeutung dieser Zeichen versteht, wahrscheinlich sinnvoll sind. Deshalb besitzt das Buch als solches noch immer eine gewisse Bedeutung für den englischen Leser, sein *Inhalt* jedoch nicht.

Betrachten wir ein noch extremeres Beispiel. Kein Buch, sondern einen Stein oder Felsen, in den Buchstaben einer alten Sprache eingehauen sind, die kein lebender Mensch mehr versteht. *Enthält* ein solcher Stein nicht menschliche Information, auch wenn sie niemand mehr zu entziffern vermag? Oder nehmen wir an, jemand entdeckt das Pendant zum Stein der bei Rosette in Ägypten gefunden wurde, so daß die Übersetzung in eine bekannte Sprache und dann ins Englische möglich wird. Kann man wirklich behaupten, der Stein habe vor der Übersetzung keine Information enthalten?

Natürlich läßt sich die Auffassung vertreten, der Stein habe, bevor es gelungen sei, ihn zu entziffern, nur *latente* Information enthalten. Das heißt, Informa-

---

[2] Mit diesen Fragen werde ich mich eingehender in den geplanten Werken *Beyond Chaos* und *Beyond Information* beschäftigen.

tion ist erst dann wirklich Information, wenn sie gelesen oder in irgendeiner anderen Form von einem Menschen aufgenommen wird. Der Akt der Informationsaufnahme macht sie zu *realer* Information.

Dies scheint das *Alltags*verständnis des Begriffs „Information" zu sein (wie ich in zahllosen Diskussionen mit Kollegen und Nichtkollegen feststellen konnte).

Die nicht entzifferbaren Hieroglyphen auf unserem hypothetischen Stein bedeuten für diese naive Auslegung des Informationsbegriffs ein Dilemma. Aufgrund unserer geschichtlichen Erfahrung mit toten Sprachen, die wir entziffert haben, erkennen wir intuitiv, daß der Stein Information enthält. Doch was ist, wenn ihn nie jemand entschlüsselt? Dazu sind drei Positionen denkbar:

1. Obwohl der Stein „beschrieben" ist, enthält er *keine* Information, weil er für niemanden Bedeutung hat.
2. Der Stein enthält eine Art Information, die jedoch keine reale Information darstellt, weil niemand sie lesen *kann*.
3. Der Stein *enthält* Information, auch wenn der Text keine Information *übermittelt*.

Die drei Positionen schließen sich gegenseitig aus. Wenn der Leser dieser Abhandlung von der ersten Auffassung überzeugt ist, wird er keine der in den folgenden Erörterungen vertretenen Thesen akzeptieren. Wer der zweiten Position zuneigt, wird umdenken müssen: Was er für „reale" Information hält, bezeichne ich in der vorliegenden Arbeit als „bedeutungsvolle" Information, das heißt, als Information, die an einen Empfänger übertragen werden kann. Was er für „latente" oder „potentielle" Information ansieht, werde ich als reale Information behandeln – so real wie die *Energie* in einem Objekt oder System, das nicht beobachtet und nicht dazu gebracht wird, Arbeit zu verrichten. Mit anderen Worten, die Wärme in einem solchen System existiert, ob wir es beobachten oder nicht. Wenn wir sie messen, messen wir sie als Energie, die in dem System enthalten ist. Das gleiche gilt für Information.

Gehen wir unser Spektrum weiter durch: Wir nehmen an, die Markierungen auf dem Stein seien Hieroglyphen. Sie könnten aber auch rein dekorative Muster sein, die keine explizite Nachricht enthalten. Oder was ist, wenn wir einen paläolithischen Knochen finden, der regelmäßige Markierungen aufweist? Haben diese Zeichen dekorative Funktion, sind sie Zählstriche irgendwelcher Art oder stellen sie einen Kalender dar? Der Stein oder Knochen übermittelt uns noch weniger Bedeutung. Trotzdem enthält er Information, genauer: *menschliche* Information, vorausgesetzt, wir können beweisen, daß die Muster aus menschlicher Aktivität hervorgegangen sind. (Zusätzlich enthalten Stein und Knochen auch nichtmenschliche Information, weil sie bestimmte Organisationsmuster aufweisen).

Die Vorstellung, daß übertragene menschliche Imformation möglicherweise eine eigenständige physikalische Realität besitzt, unabhängig von ihrem menschlichen Urheber, wird vielleicht glaubhafter, wenn wir das mögliche Schicksal einer Funknachricht betrachten, die in den Weltraum ausgestrahlt wird: Da sie sich mit Lichtgeschwindigkeit fortbewegt, kann sie nicht zurückgeholt werden. Die Nachricht besteht aus einem Muster, das einen Träger überlagert. Doch sie ist jetzt auf immer von ihren irdischen Urhebern getrennt. Alles menschliche Leben auf der Erde kann durch einen atomaren Holocaust oder eine interstellare Katastrophe ausgelöscht worden sein. Trotzdem wird sich das Muster weiter ausbreiten. Theoretisch könnte die Nachricht von anderen Intelligenzen entschlüsselt werden. Doch selbst wenn das nicht der Fall ist, setzt die Nachricht ihren Weg durch den Weltraum fort – ein konkretes Gebilde, für das ohne Bedeutung ist, was mit seinen Urhebern auf der Erde geschieht.

Es ist *unmöglich*, eine allgemeine Informationstheorie zu entwickeln, solange wir die verschiedenen Aspekte der Information mit ihrer Übertragung, Verarbeitung oder Interpretation verwechseln. Ich vertrete in diesem Buch die These, daß es eine Dichotomie gibt zwischen (1) der Information, die intrinsisch in einem System *enthalten* ist, und (2) der Information, die von dem System an einen Empfänger *übertragen* werden kann!

Ein klassisches literarisches Beispiel für diesen Unterschied ist Conan Doyles Doppelgespann Sherlock Holmes und Dr. Watson. Indizien, die Watson keine Information von besonderem Interesse übermittelten, waren für Holmes entscheidende Hinweise. Die in den Indizien tatsächlich *enthaltene* Information war die gleiche; was sie übertrugen hing hingegen davon ab, ob der Empfänger Sherlock Holmes oder Dr. Watson war.

2.2 Der Kern des Konzepts

Es ist heute zweifelsfrei bewiesen, daß DNA-Moleküle große Informationsmengen enthalten und übertragen können (groß genug, um eine einzelne Zelle so zu programmieren, daß sich unter bestimmten Bedingungen aus ihr ein Mensch entwickeln kann). Entsprechend enthalten Kristalle des Mangandioxids oder des Siliciums die Information, die erforderlich ist, um weitere Exemplare ihresgleichen zu erzeugen, während Tonkristalle Organisationsmuster zeigen, die als Informationsträger nach Art des Abakus fungieren können. Im übrigen ist zu beobachten, daß diese biologischen, sub-biologischen und mineralischen Systeme nicht nur Information enthalten, sondern daß sie auch Information verarbeiten können.

Die Information, die von der Kaliumpermanganatlösung verarbeit wird, wenn sie mit einem Mangandioxidkristall zusammenwirkt – oder von der menschlichen Zelle, wenn sie mit einem DNA-Strang wechselwirkt –, ist das Organisationsmuster des Informationsträgers, des MnO_2 oder der DNA. In jedem Fall ist Information also konkret in Organisationsmustern verschlüsselt. Dieser Zusammenhang ergibt das erste Axiom der Informationsphysik:

Information und Organisation stehen in einem inneren Zusammenhang.

Aus diesem Axiom leite ich die folgenden Sätze ab:

1. *Alle organisierten Strukturen enthalten Information*, und daraus folgend: *Es kann keine organisierte Struktur geben, die nicht irgendeine Form von Information enthält.*

2. *Wenn man einem System Information hinzufügt, nimmt das System eine höhere oder andere Form der Organisation an.*

3. *Ein organisiertes System ist in der Lage, Information freizusetzen oder zu übertragen.*

Untersuchen wir die obenstehenden Sätze nacheinander, indem wir mit dem ersten beginnen:

Jedes materielle System, das sich in organisiertem Zustand befindet, enthält Information. Information organisiert Raum und Zeit. Die Definition des Begriffs „Information" entspricht der physikalischen Definition des Begriffs „Energie". *Energie* wird als das Vermögen definiert, Arbeit zu verrichten. *Information* wird als das Vermögen definiert, ein System zu organisieren – oder es in einem organisierten Zustand zu erhalten. Wie noch zu zeigen sein wird, läßt sich „Nutzarbeit" ohne einen Input an Energie *und* Information nicht verrichten. Umgekehrt verändert jede Arbeit die Organisation und damit auch die Information.

In *Organisation* drückt sich Ordnung aus. Eine Struktur oder ein System bezeichnet man als organisiert, wenn es Ordnung zeigt. *Ordnung* ist eine nichtzufällige Zusammenstellung der Teile der Struktur oder des Systems. *Zufälligkeit* ist das Gegenteil von Ordnung, wobei allerdings zu berücksichtigen ist, daß sich in bestimmten Formen scheinbarer Zufälligkeit eine erhebliche Ordnung manifestiert, zum Beispiel eine völlig gleichmäßige Verteilung. Deshalb sind die Wörter *Chaos* und *Unordnung* vorzuziehen. Jede quantitative Informationsanalyse ist zumindest teilweise darauf angewiesen, entweder die Ordnung oder das Chaos eines Systems zu messen.

Der Versuch, den Informationsgehalt eines chaotischen Systems zu untersuchen, ist problematischer, weil ein System möglicherweise nur chaotisch *erscheint*. Das heißt, ein solches System folgt in Wahrheit nur einem einfachen Algorithmus – in der scheinbaren Unvorhersehbarkeit drückt sich der Umstand aus, daß triviale Variationen in den Ausgangsbedingungen das Endverhalten des Systems unter Umständen entscheidend beeinflussen (Gleick 1988).

Organisation und Information stehen definitionsgemäß in enger Wechselbeziehung. Trotzdem unterscheiden sie sich: Man kann den Schatten nicht ohne Licht haben, dennoch darf man Schatten und Licht nicht in einen Topf werfen. Als Schatten manifestiert sich Licht, wenn es mit einem undurchsichtigen Gegenstand zusammenwirkt. Entsprechend manifestiert sich Information als Organisation, die mit Materie und Energie zusammenwirkt.

Es sei ausdrücklich darauf hingewiesen, daß es für einen abstrakten Terminus wie „Information" eine begriffliche Notwendigkeit gibt. Information ist eine Größe, die sich in verschiedene Formen verwandeln läßt. Man kann sie von einem System auf ein anderes überagen. Das gilt nicht in gleichem Maße für die konkreteren Begriffe „Ordnung", „Organisation", „Muster" oder „Struktur". Ähnlich ist der Unterschied zwischen den Begriffen „Energie" und „Wärme". Energie läßt sich in verschiedene Formen umwandeln und von einem System auf ein anderes übertragen. Im Gegensatz dazu ist der weniger abstrakte Begriff „Wärme" (eine Größe, die unseren Sinnen unmittelbar zugänglich ist) zu begrenzt, um zu erklären, warum die Erwärmung eines Kessels eine Lokomotive veranlaßt, sich zu bewegen, oder eine Glühlampe zum Aufleuchten bringt, wenn ein elektrischer Strom einwirkt, der von einer Dampfturbine erzeugt wurde.

Auch „Information" kann von einer Form in eine andere umgewandelt werden, zum Beispiel wenn ich ein Manuskript diktiere: Muster aus Schallwellen werden zu Wörtern auf einer Druckseite. Es ist ohne Schwierigkeiten einzusehen, daß die Information durch die Phonotypistin und den Drucker übertragen und umgewandelt wurde – vom gesprochenen in das geschriebene Wort. Nicht ganz so klar ist, wie die schwingenden Luftmoleküle, die das Schallmuster bilden, schließlich zu scheinbar beziehungslosen Mustern von Farbmolekülen auf einer Druckseite werden. Und noch rätselhafter wird die Angelegenheit, wenn man die menschlichen Zwischenstationen auschaltet und in ein Sprecheingabe-Druckausgabe-Gerät spricht. Die Struktur der Phoneme, aus denen ein Wort besteht, ist ganz anders als die Struktur der gedruckten Silben, die dasselbe Wort bilden. Der Informationsgehalt kann jedoch in beiden Fällen gleich sein.

Information ist wie Energie eine abstrakte Größe. Nachrichtentechniker wissen seit Hartleys Zeiten vor mehr als fünfzig Jahren, daß man Information als eine solche Größe behandeln kann. Doch die These der vorliegenden Arbeit geht noch weiter, sie lautet nämlich, daß Information, wie Energie, auch eine *physikalische* Realität besitzt.

Um genauer zu sein, *Wärme* resultiert (unter Beteiligung von nicht korrelierten Phononen in einem Kristall oder von Molekülen in einem Gas, die sich zufällig bewegen) aus der Wechselwirkung zwischen Materie und reiner Energie. *Struktur* ergibt sich aus der Wechselwirkung zwischen Materie und reiner Information. Energie galt in der vorrelativistischen Physik als die abstraktere Größe, die sich als Wärme manifestiert, wenn sie sich zur Materie gesellt. Entsprechend kann man Information als die abstraktere Größe betrachten, die sich als Struktur (Organisation) manifestiert, wenn sie zur Materie hinzukommt.

Wie ich in einem späteren Kapitel ausführen werde, ergibt sich aus dieser Begriffsbestimmung eine andere quantitative Definition der Information, als wir sie aus der Nachrichtentechnik kennen. Die Definition unterscheidet sich auch von den gängigen Erklärungen in Wörterbüchern, wo es zum Stichwort *Information* beispielsweise heißt: Wissen, Nachricht, Mitteilung. Zu *Wissen* wird ausgeführt: Alles, was erkannt oder bekannt ist beziehungsweise erkannt werden kann. Unter *erkennen* findet man: begründet wahrnehmen, sich bewußt machen, erfahren. Die Wörterbücher geben auch andere, speziellere Bedeutungen an, entscheidend ist jedoch, daß Information als eine Form des Wissens oder eines entsprechenden Phänomens beschrieben wird. Wörterbücher definieren Wissen und Information ausschließlich in implizit menschlichen Begriffen. Damit befinden sie sich in deutlichem Gegensatz zu der These, daß Information eine Eigenschaft des Universums ist – daß sie die „innere" Struktur des Universums bildet.

Zur *menschlichen Information* gehört möglicherweise die *Wahrnehmung* dieser „inneren" Struktur. Mit der Definition jeder Konstante, wie zum Beispiel der Gaskonstante, der Loschmidt-Konstante oder der Planck-Boltzmann-Konstante, hat man einen Organisationsaspekt des Universums erfaßt. Jede dieser Entdeckungen ist ein Akt menschlicher Wahrnehmung, dem sich der Informationsgehalt physikalischer Systeme erschließt.

Mit den Aspekten *menschlicher* Informationssysteme, unter anderem den Begriffen des Wissens, der Bedeutung, des Sinns und der Intelligenz, möchte ich mich in einer künftigen Arbeit – *Beyond Chaos* – beschäftigen. Hier geht es mir um die Physik von Informationssystemen – Systemen, deren Wirklichkeit von der menschlichen Wahrnehmung unabhängig ist und infolgedessen über sie hinausreicht.

Fassen wir zusammen: Alle regelmäßigen Muster enthalten Information. Die Mathematik des Chaos hat gezeigt, daß selbst Muster, die scheinbar extrem unregelmäßig sind, das Ergebnis eines ziemlich einfachen Algorithmus sein können, der dem Chaos zugrunde liegt. Dem Einwand, in Wirklichkeit sei hier von „Mustern" und „Organisation" die Rede, ist entgegenzuhalten, daß „Information" eine abstraktere Verallgemeinerung darstellt, die man auf lange Sicht benötigt, um sie durch irgendwelche universelle Maßeinheiten wie zum Beispiel „Bits" messen zu können. Der Versuch, ein Muster oder eine Struktur quantitativ in Bits zu messen, ohne den abstrakten Begriff „Information" zu Hilfe zu nehmen, ist genauso schwierig wie das Unterfangen, die Lichtleistung einer Lampe ohne den abstrakteren Begriff „Energie" in Joule zu messsen.

2.3 Information – die verborgene Dimension

Information ist ein impliziter Bestandteil praktisch jeder Gleichung, die Bedeutung für physikalische Gesetze hat. Seit Galileis klassischen Experimenten beschreiben Physiker und Techniker alle Bewegung mit Hilfe von Entfernung und Zeit. Jede Bewegung bedeutet eine Reorganisation des Universums – insofern kann jede Bewegung auch als „Informationsakt" betrachtet werden.

Information ist in jeder Untersuchung anzutreffen, die Vektoren benutzt. „Richtung" ist ein Informationsbegriff, der eine Beziehung zu bestimmten Achsen (die real oder nur vorgestellt sind) angibt. Offenkundig ist „Richtung" weder eine Form der Materie noch der Energie. Mit Veränderungen der Entfernung und der Zeit mißt man folglich Veränderungen im „Informationszustand" des Systems, das den sich bewegenden Körper enthält. Genauer, man mißt den Körper in Beziehung zu seiner Umgebung. Um Entfernung und Zeit geeignet zu messen, braucht man ein organisiertes Bezugssystem, das real oder vorgestellt ist. Wer Bewegung beschreiben will, muß also auch eine Aussage über die Veränderungen im Informationszustand des Systems machen.

Wenn man die Bewegung eines Körpers untersucht, muß man zwischen drei gesonderten (wenn auch in Wechselbeziehung stehenden) Phänomenen unterscheiden: (1) die auf den Körper einwirkende *Kraft*, die ihn überhaupt veranlaßt, sich zu bewegen (oder seine Bewegung zu verändern), (2) den *Impuls* des in Bewegung befindlichen Körpers und (3) die *Bewegung* selbst. Kraft und Impuls sind Aspekte reiner Energie, obwohl sie definitionsgemäß auch die Dimensionen der Zeit und der Entfernung enthalten. Die Bewegung selbst, das heißt, die Bahn des Teilchens, ist reine Information, welche die Reorganisation des Systems beschreibt, während sich das Teilchen in irgendeinem Bezugssystem von Punkt A zu Punkt B bewegt.

Wenn „Bewegung", im Unterschied zu ihrer Ursache oder Wirkung, eine Form der Information darstellt, so wird dadurch nicht ausgeschlossen, daß ein in Bewegung befindliches Teilchen nicht gleichzeitig auch Energie besitzt. Wenn ein solches Teilchen Masse hat, kann man seine Energie anhand seines Impulses messen. Und selbst wenn es keine Masse besitzt, wie zum Beispiel ein Photon, so läßt sich mit Hilfe von Beziehungen der Relativitätstheorie nachweisen, daß es trotzdem einen Impuls hat, *vorausgesetzt* es bewegt sich mit der Geschwindigkeit c – der Lichtgeschwindigkeit. (Es gibt darüber hinaus noch die theoretische Möglichkeit beweglicher Teilchen, die weder Masse noch Impuls haben – das heißt, Teilchen, die nur Information besitzen).

In allen Konstanten drückt sich irgendeine organisatorische Eigenschaft des beschriebenen Systems aus. Ohne sie könnte es die feste Beziehung nicht geben, die der Definition einer Konstante zugrunde liegt. Gleichgültig, ob man die Loschmidt-Konstante, die Heisenberg-, die Boltzmann-Konstante oder die Lichtgeschwindigkeit nimmt – sie definieren alle irgendeine feste Beziehung oder Gruppe von Beziehungen innerhalb des Systems. Solche festen Beziehungen setzen Ordnung im System voraus, die natürlich die im System enthaltene Information widerspiegelt.

Entsprechend muß sich in dem für die Organisation der Materie so wichtigen Paulischen Ausschließungsprinzip eine wichtige Informationseigenschaft der Elektronenhüllen ausdrücken. Auch fundamentale Teilchen selbst können Informationseigenschaften zeigen. Quarks werden Eigenschaften wie *charm* oder *beauty* zugeschrieben. Ähnlich spiegeln *up* and *down* bestimmte Beziehungseigenschaften wider, die für informationshaltige Systeme charakterisch ist. Gleiches gilt für die elektrische Ladung. Zwar kann man eine Kraft hervorrufen, indem man entgegengesetzte Ladungen trennt (oder gleiche Ladungen zusammenzwingt), doch eine einzelne Ladung an sich stellt eine Informationseigenschaft des Teilchens dar, das die Ladung trägt.

Die Entfernung mißt den Raum zwischen zwei Objekten oder gedachten Punkten. Die Zeit mißt das Intervall zwischen zwei Ereignissen. Sowohl die Entfernung als auch die Zeit sind Erscheinungsformen der Information. Allerdings ist die eine von der anderen so verschieden wie elektromagnetische Strahlung von mechanischer Energie. Aber Zeit und Entfernung lassen sich ja nach der Relativitätstheorie umformen, so wie die mechanische Energie, die eine Elektrizität erzeugende Turbine antreibt, zu dem Licht wird, das eine Glühlampe aussendet. Es sind also nicht nur verschiedene Energieformen ineinander umzuwandeln, sondern auch unterschiedliche Informationsformen. Im übrigen lassen sich auch Energie und Information ineinander umformen – eine Frage, die im Zusammenhang mit Entropie, Arbeit und potentieller Energie zu untersuchen sein wird.

Wenn die Entfernung oder die Strecke d, die Zeit t und die Richtung Informationsformen sind, dann muß auch „Geschwindigkeit" – die Rate, mit der sich die Position eines beweglichen Körpers in einer bestimmten Richtung mit der Zeit verändert – eine Form der Information sein: und wenn die Geschwindigkeit Information darstellt, dann muß das auch für „Beschleunigung" (Geschwindigkeit pro

Zeiteinheit) gelten. Damit stellt sich die Frage, ob aus der klassischen Gleichung, nach der die Kraft F gleich der Masse m mal der Beschleunigung a ist, also

$$F = ma \, ,$$

folgt, daß man die Kraft als das mathematische Produkt der Masse und Information betrachten kann, und daß entsprechend aus der Gleichung für die Arbeit W

$$W = Fd$$

folgt, daß auch die Arbeit ein mathematisches Produkt der Masse und der Information ist. (Das gleiche Argument würde für ungleichförmige Geschwindigkeiten v gelten:

$$v = \mathrm{d}r/\mathrm{d}t \, ,$$

wobei r, der Ortsvektor, ebenfalls eine Informationsform repräsentiert.)

Literatur

J. Gleick (1988), *Chaos*, Penguin Books, New York

3. Information und Entropie: Die mathematische Beziehung

3.1 Information und Organisation

Wie wiederholt festgestellt, enthält ein System Information, wenn es Organisation erkennen läßt. Da sich in Organisation die geordnete Zusammenstellung der Bestandteile eines Systems ausdrückt und da Ordnung der Gegensatz von Unordnung ist, leuchtet unmittelbar ein, daß Information und Unordnung in einer umgekehrten Beziehung stehen. Je größer die Unordnung eines Systems, desto geringer sein Informationsgehalt.

Mit dem Begriff der Unordnung hängt das thermodynamische Konzept der Wahrscheinlichkeit zusammen. In traditionellen thermodynamischen Systemen gilt im allgemeinen: Je näher dem Gleichgewicht, desto ungeordneter das System und desto wahrscheinlicher der Zustand. Einerseits gibt es also einen Zusammenhang zwischen den Eigenschaften der Unordnung, der Wahrscheinlichkeit und des Informationsmangels, während andererseits Organisation, Unwahrscheinlichkeit und Information korrelieren.

Nun gibt es eine Beziehung zwischen thermodynamischer Wahrscheinlichkeit und Entropie; damit folgt aus dem vorstehenden Satz, daß ein sehr ungeordneter, sehr wahrscheinlicher Zustand mit hoher Entropie einhergeht, während der organisierte, sehr informationshaltige Zustand mit niedriger Entropie verknüpft ist.[3] Um ein System zu organisieren – um es aus dem Gleichgewicht in einen weniger geordneten Zustand zu bringen –, ist Arbeit erforderlich. Insofern könnte der Informationsgehalt eines Systems also mit der Arbeitsmenge zusammenhängen, die notwendig ist, um es zu erschaffen. „Nutzarbeit" wird hier als die Arbeit definiert, die die Entropie des Universums *verringert*, im Gegensatz zur bloßen Erwärmung eines Gases beispielsweise. Nutzarbeit, die an einem System verrichtet wird, steigert im allgemeinen seine thermodynamische Unwahrscheinlichkeit und erhöht seine Organisation.Die Anwendung von Nutzarbeit ist eine Möglichkeit, den Informationsgehalt eines Systems zu vergrößern. Alle Systeme verändern unter dem Einfluß von Arbeit ihre Entropie und Organisation. Mithin verändert Arbeit den Informationsgehalt eines Systems – eine Beziehung, die ich in Kap. 7 genauer untersuchen werde. Im vorliegenden Kapitel geht es um die exakte Beziehung zwischen Entropie- und Informationsänderungen.

---

[3] Diese umgekehrte Beziehung zwischen Information und Entropie bildet einen Kontrast zu der Beziehung, die Claude Shannon ursprünglich vorgeschlagen hat. In Kapitel 5 werde ich mich eingehender mit dieser Frage beschäftigen.

3.2 Der Zweite Hauptsatz der Thermodynamik

Der Zweite Hauptsatz der Thermodynamik besagt, daß es für jedes System einen Gleichgewichtszustand gibt, dem es durch spontane Veränderung zustrebt; und daß umgekehrt, eine Veränderung, die das System vom Gleichgewicht *entfernt*, nur eintreten kann, wenn sich ein anderes System zum Gleichgewicht hin verlagert. Bewegt sich ein solches System in eine gegebene Richtung, wobei es ständig den Widerstand einer Kraft überwinden muß, die bestrebt ist, den Vorgang umzukehren, so kann das System Nutzarbeit verrichten. Es läßt sich bestimmen, wieviel Nutzarbeit maximal von einem solchen System geleistet werden kann – eine Größe, die man als *Veränderung der freien Energie* bezeichnet und durch die Symbole ΔF oder ΔG darstellt. Die Größe von ΔF bzw. ΔG gibt die maximale Arbeitsmenge an, die unter gegebenen Bedingungen von einem System geleistet werden kann.

Der Zweite Hauptsatz der Thermodynamik wird häufig unter Verwendung der folgenden Gleichung ausgedrückt.

$$\Delta G = \Delta H - T\Delta S , \tag{3.1}$$

wobei ΔH die „Enthalpie" ist, die Veränderung des Wärmeinhalts bei konstantem Druck, T die absolute Temperatur und S die Änderung der „Entropie".

Die Entropie gehört zu den Begriffen, die in Physik und Technik am häufigsten mißverstanden werden. Für einen Studienanfänger auf dem Gebiet der Physik oder Technik ist es nicht weiter schwer, die durch ΔG, ΔH oder T bezeichneten Begriffe zu verstehen: *Die Veränderung der freien Energie* steht für die maximale Nutzarbeit, die zu erhalten ist, *die Veränderung des Wärmeinhalts* des Systems ergibt sich aus der aufgenommenen (oder abgegebenen) Wärme und die absolute Temperatur ist ein Maß für den Wärmeinhalt des Systems.[4]

Mit Ausnahme der Beziehung zwischen Wärme und Temperatur, die häufig zu flüchtig übergangen wird, leuchtet das alles ohne weiteres ein. Anders verhält es sich mit der Entropie. Sie scheint eine abstrakte mathematische Größe zu sein, deren physikalische Realität nur schwer vorstellen läßt. Der Umstand, daß man Entropieveränderungen exakt messen kann, ändert nichts an dem etwas rätselhaften Charakter des Konzepts. Im Gegensatz zur Wärme, die man ebenfalls exakt messen kann, ist die Entropie für unsere Sinnesorgane nicht wahrnehmbar. Die Entropie liegt so weit jenseits der Grenzen alltäglicher Erfahrung, daß sie jeden verblüffen muß, der nicht fähig oder nicht bereit ist, an die Realität mathematischer Abstraktionen zu glauben.

Entropie ist in der Tat ein mathematischer Ausdruck zur Beschreibung von Unordnung. Sie ist hingegen kein Ausdruck für den Wärmeinhalt oder sein Maß – die Temperatur –, obwohl sie zu beiden in Beziehung steht.

---

[4] In der Tat mißt die Temperatur den Wärmeinhalt pro Masseeinheit. Wenn die Grundbegriffe der Informationsphysik richtig sind, ist die Temperatur eine direkte Maßzahl für den Wärmeinhalt des Systems. „Latente Wärme" oder „Kristallisationswärme" sind Größen, die sich nicht auf Energie, sondern auf Information beziehen. Latente Wärme ist die Energie, die zugeführt (oder abgegeben) werden muß, um Materie aus einem Organisationszustand in einen anderen zu überführen. Ich werde im nächsten Kapitel noch einmal auf die Frage zurückkommen.

Daß Entropie von der Organisation eines Systems abhängt und nicht bloß von seinem Wärmeinhalt (seiner Temperatur) zeigt Abb. 3.1, in der die Beziehung zwischen Entropie und Temperatur von Wasser dargestellt ist.[5] Während die Kurve in den meisten Abschnitten eine allmählich wachsende Korrelation zwischen Temperatur und Entropie zeigt – das heißt, wenn die Temperatur ansteigt, nimmt auch die Entropie zu –, gibt es doch auch zwei auffällige Diskontinuitäten, die eine bei ungefähr 273 K, die andere bei 373 K. Das sind gerade die Temperaturen, bei denen das Eis schmilzt und das Wasser zu Dampf wird.

Es ist kein bloßer Zufall, daß diese jähen Entropiezuwächse, diese offenkundigen Diskontinuitäten, genau bei jenen Temperaturen auftreten, bei denen die Struktur der Materie (in diesem Falle des Wassers) vor unseren Augen einem tiefgreifenden Wandel unterworfen ist.

Eine eingehendere Betrachtung der Abb. 3.1 bestätigt, daß Entropie eine Funktion der Desorganisation oder Unordnung sein muß, denn sie korreliert mit der zunehmend zufälligen Bewegung der Wassermoleküle. Die wachsende Zufälligkeit der Bewegung war auch der Grund für die Annahme, daß die Entropie direkt vom Wärmeinhalt abhängt. Führt man einem Körper Wärme zu, so versetzt man die Teilchen des Systems in zufällige Schwingungen und Bewegungen von zunehmender Geschwindigkeit. Ein solcher Prozeß resultiert in zwei Phänomenen: Erstens, der Energieinhalt des Systems nimmt zu – meßbar als Temperaturzuwachs – und zweitens, die Organisation des Systems nimmt ab – meßbar als Entropiezuwachs. Obwohl beide, Temperatur und Entropie, meist gemeinsam auftreten, stehen sie für ganz unterschiedliche Prozesse. Das ist immer dann deutlich zu erkennen, wenn man die Entropieveränderungen mit den Temperaturveränderungen in den Regionen vergleicht, in denen sich die Materiestruktur stärker verändert. Dort kann sich die Entropie erheblich verändern, während die Temperatur gleichbleibt.

Die Entropie läßt sich also nicht nur dadurch verändern, daß man den Wärmeinhalt des Systems verändert, sondern auch dadurch, daß man seine Organisation umgestaltet: Wir können ein System desorganisieren, indem wir ihm Wärme zuführen; dies geschieht zum Beispiel, wenn ein Eiswürfel schmilzt, wobei er seiner Umgebung *Wärme entzieht.* Wir können das System aber auch dadurch desorganisieren, daß wir seine Struktur verändern, etwa wenn wir einen Zuckerwürfel in Wasser auflösen. In diesem Falle *gibt* der sich auflösende Zuckerwürfel *Wärme* an seine Umgebung ab.

Ausgehend von dem Grundpostulat, daß Organisation den Informationsgehalt eines Systems widerspiegelt, kann man den folgenden Satz aufstellen:

Die Entropie eines Systems läßt sich verändern, indem man entweder den Wärmeinhalt oder die Organisation des Systems verändert. Beides verändert den Informationsgehalt dieses Systems.

---

[5] Für diese Abbildung hat mir D. Kaoukis dankenswerter Weise ein Computerdiagramm zur Verfügung gestellt.

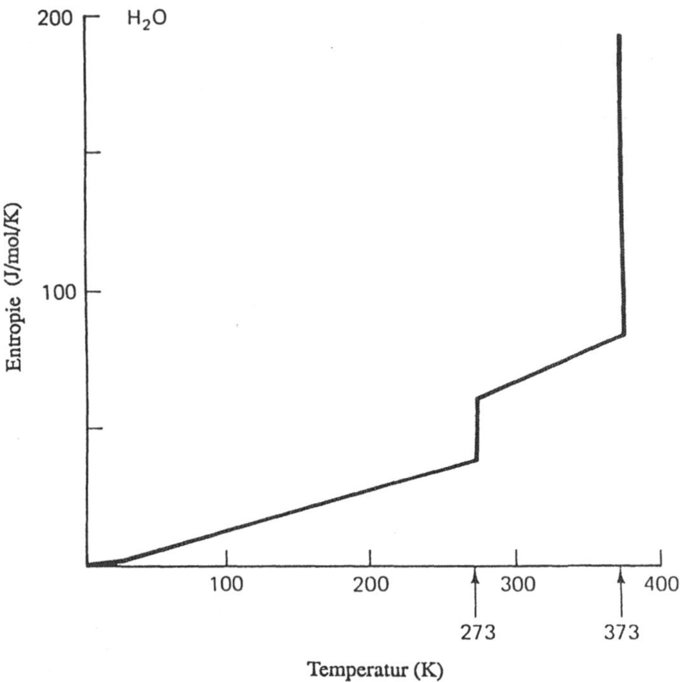

Abb. 3.1. Entropie von Wasser als Funktion der Temperatur

3.3 Die statistische Bedeutung der Entropie

Wenn ein Entropiezuwachs einen Verlust an Organisation, das heißt, an struktureller Information, bedeutet, wie sieht dann die exakte Beziehung zwischen Entropie und Information aus? Beginnen wir die eingehendere Untersuchung dieses Konzepts mit einigen interessanten Ideen, die Erwin Schrödinger (1944) vor über 40 Jahren in seinem Buch *Was ist Leben?* vorgeschlagen hat.

Von Boltzmanns Untersuchungen ausgehend fragt sich Schrödinger nach der statistischen Bedeutung der Entropie (S. 127ff). Die von Schrödinger übernommene Boltzmannsche Gleichung lautet:

$$\text{Entropie} = k \log D , \tag{3.2}$$

wobei k die Boltzmann-Konstante ($3,2983 \times 10^{-24}$ cal/°C) und D ein „quantitatives Maß der atomaren Unordnung des fraglichen Körpers" ist [S. 127].

Im Fortgang führt Schrödinger aus, die Unordnung D sei „zum Teil diejenige der Wärmebewegung, zum Teil diejenige, welche bei verschiedenen Arten von Atomen oder Molekülen auftritt, wenn sie aufs Geratewohl gemischt statt säuberlich getrennt auseinandergehalten werden, wie beispielsweise in dem Fall der Wasser- und Zuckermoleküle" [S. 127]. Das heißt, die allmähliche Ausbreitung des Zuckers in einem flüssigen Körper (etwa in einer Tasse Tee) erhöht die Unordnung D. Entsprechend vergrößert Wärmezufuhr „den Aufruhr der Wärmebewegung" [S. 128] und damit auch die Unordnung D. Insbesondere weist Schrödinger darauf hin, daß man, „wenn man einen Kristall zum Schmelzen bringt, ... dadurch die geordnete und dauerhafte Anordnung der Atome und Moleküle zerstört und das Kristallgitter in eine ununterbrochen sich verändernde Zufallsverteilung überführt" S. [128].

Im Untertitel zu Schrödingers Buch heißt es „*The Physical Aspects of the Living Cell*" (deutsche Ausgabe: „Die lebende Zelle mit den Augen des Physikers betrachtet"). Unter anderem fragt er, wie die Tendenz lebender Systeme, so niedrige Entropieniveaus beizubehalten, statistisch ausgedrückt werden kann. Seine Vermutung: Der lebende Organismus „nährt sich von negativer Entropie" [S. 128]. Wenn D ein Maß der Unordnung sei, so Schrödinger, dann könne der reziproke Wert $1/D$ als ein direktes Maß der Ordnung betrachtet werden. Deshalb schreibt er Boltzmanns Gleichung wie folgt um:

$$- \text{(Entropie)} = k \log(1/D) \, . \tag{3.3}$$

Mit anderen Worten, „die Entropie ist in Verbindung mit dem negativen Vorzeichen selbst ein Ordnungsmaß" [S. 129]. Auf diese Weise erklärt Schrödinger, wie ein Organismus seine niedrigen Entropieniveaus beibehält – durch „fortwährendes ‚Aufsaugen' von Ordnung aus seiner Umwelt" [S. 129].

3.4 Information als inverse Exponentialfunktion der Entropie

Schrödingers Gleichung (3.3) ist mein Ausgangspunkt. Ich beginne mit den beiden Prämissen von Schrödinger: erstens, daß die Unordnung D Boltzmanns thermodynamischer Wahrscheinlichkeitsfunktion W äquivalent ist, die Boltzmann ausdrückt in der Gleichung

$$S = k \log W \tag{3.4}$$

und zweitens, daß Ordnung der reziproke Wert der Unordnung ist, das heißt:

$$Or = 1/D \tag{3.5}$$

wobei Or ein Maß für die Ordnung eines Systems ist.

Dazu tritt jetzt eine dritte Prämisse: Information I ist eine Funktion der Ordnung:

$$I = f(Or) \, . \tag{3.6}$$

Diese dritte Prämisse läßt sich verbessern, indem man Information so definiert, daß sie und Organisation sich in einer direkten und linearen Beziehung befinden. Die Prämisse ist so notwendig wie vernünftig: Notwendig ist sie, weil man bei dem Versuch, die Informationsveränderungen zu beurteilen, die mit Entropieveränderungen einhergehen, in begriffliche Schwierigkeiten gerät, wenn man andere Prämissen macht. Vernünftig ist sie, weil ein System – so wie es um so mehr Masse hat, je mehr Materie es enthält – sich auch in einem um so höheren Organisationszustand befindet, je mehr Information es enthält. Wie ich in einem späteren Kapitel zeigen werde, hängt die in einem System enthaltene Informationsmenge zumindest teilweise von der Zahl der Bindungen ab, die die Untereinheiten des Systems zu einem organisierten Ganzen zusammenschließen (Bindungen, die etwa durch eine Erwärmung des Systems oder durch seine Auflösung aufgehoben werden können). Hier soll es jedoch genügen, die Prämisse zu machen, daß Information und Organisation in einer direkten und linearen Beziehung stehen. Damit läßt sich Gl. (3.6) wie folgt schreiben:

$$I = c\,(Or)\,, \tag{3.7}$$

wobei c eine noch zu definierende Konstante bezeichnet.

Umgekehrt läßt sich Ordnung als Funktion der Information betrachten, das heißt:

$$Or = I/c\,, \tag{3.8}$$

woraus folgt:

$$D = 1/Or = c/I\,. \tag{3.9}$$

Wenn wir in die ursprüngliche Boltzmann-Schrödinger-Gleichung das Glied c/I einsetzen, erhalten wir:

$$S = k \log (c/I)\,. \tag{3.10}$$

Durch Auflösung nach I ergibt sich:

$$I = ce^{-S/k}\,. \tag{3.11}$$

Die Gleichungen (3.10) und (3.11) definieren die fundamentale Beziehung zwischen Information I und Entropie S. Ein Kurvenbild dieser Beziehung zeigt Abb. 3.2.

3.5 Die Konstante c

In der Gleichung (3.1) und der Abb. 3.2 ist implizit enthalten, daß die Konstante c die Informationskonstante des Systems bei der Entropie Null angibt.

Für ein Natriumchloridkristall bei 0 K wäre sie beispielsweise

$$c = I_{\mathrm{o}}\,, \tag{3.12}$$

wobei I_{o} den Informationsgehalt des Kristalls bei $S = 0$ beschreibt.

Zwar bleibt c für alle Werte von I und S innerhalb eines Systems konstant, doch gilt dies nicht für *verschiedene* Systeme.

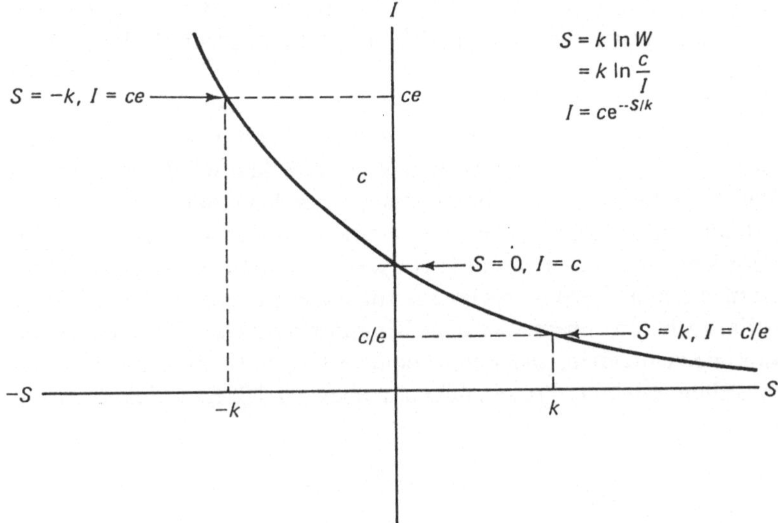

Abb. 3.2. Die Beziehung zwischen Information I und Entropie S

Das wird schon intuitiv ersichtlich, wenn man ein einzelnes Kristall, wie etwa das des Natriumchlorid mit einem DNA-Kristall vergleicht. Natürlich enthält die DNA bei jeder vergleichbaren Temperatur, bei der der Schmelz- oder Dissoziationsprozeß noch nicht einsetzt – einschließlich 0 K –, mehr Information als das Kochsalz. Ebenso enthalten zwei Gase – sagen wir, Wasserstoff (H_2) und Sauerstoff (O_2) – unterschiedliche Informationsmengen, da die Atome, aus denen sich die beiden Gase zusammensetzen, selbst unterschiedliche Informationsbeträge besitzen: Der Wasserstoffkern besteht aus einem einzigen Proton, während der Sauerstoffkern acht Protonen und acht Neutronen aufweist, die zu einer zusammenhängenden Einheit gebunden sind. In einem Grundzustand von 0 K wird deshalb die strukturelle Information, die in einem idealen Sauerstoffkristall enthalten ist, erheblich größer sein als die des entsprechenden idealen Wasserstoffkristalls.

Gleichung (3.11) muß also eine verallgemeinerte Form erhalten, nämlich:

$$I = (I_{\mathrm{o}})e^{-S/k} \ . \tag{3.13}$$

Die Unterschiede in (I_{o}) erklären, warum die beiden Gase ganz andere Entropieveränderungen zeigen, auch wenn man man sie unter identischen Temperatur- und Druckverhältnissen erwärmt und expandieren läßt.

Kehren wir zur Schrödinger-Boltzmann-Gleichung (3.2) zurück, also zu $S = k \log D$. Nach dem vorstehenden Gedankengang darf die Gleichung folgendermaßen umgeschrieben werden:

$$S = k \log [I_{\mathrm{o}}/I] \ . \tag{3.14}$$

Der quantitative Ausdruck der Unordnung ist also der Quotient zwischen dem Informationsgehalt des Systems bei der Entropie Null und dem tatsächlichen Informationsgehalt des Systems bei jedem gegebenen Entropiewert S.

Ein solcher Quotient läßt sich als Wahrscheinlichkeitsfunktion interpretieren; dann entsprechen seine Werte dem ursprünglichen Boltzmannschen W. Es ist allerdings darauf hinzuweisen, daß Boltzmanns Gleichungen aus einer Untersuchung von Gasen (Boltzmann 1896,1898) abgeleitet wurden Für Gase kann I niemals I_o übersteigen; deshalb kann S nicht negativ werden. Wenn man im übrigen die Analyse auf das Verhältnis Ordnung/Unordnung beschränken würde, wäre nie zu beobachten, daß S einen negativen Wert annähme. Man kann nämlich einem System keine Ordnung mehr zuführen, sobald es einmal „vollkommen geordnet" ist. Nichts kann geordneter sein als etwas, das bereits vollkommen geordnet ist. Andererseits könnte man einem System, das bereits vollkommen geordnet ist, durchaus mehr Information zuführen, indem man seine Komplexität erhöht. Um eine Analogie aus der Biologie zu nehmen, man könnte einen Strang vollkommen geordneter DNA nehmen und ihn mit einer Proteinhülle umgeben, so daß ein reifes Virus entsteht.

Literatur

L. Boltzmann (1896, 1898), *Vorlesungen über Gastheorie*, I. und II. Teil, Einleitung, Anmerkungen und Bibliographie, S. G. Brush, University of Maryland, erweiterter Nachdruck, Graz, Akademische Druck- und Verlagsanstalt, 1981

E. Schrödinger (1944), *Was ist Leben?*, München, Piper, 1987

4. Messen der unterschiedlichen Information veränderter physikalischer Zustände

4.1 Das Messen des Informationsgehaltes eines Kristalls

Der Informationsgehalt eines Kristalls läßt sich anhand von mindestens drei Komponenten untersuchen:

1. Dem Informationsgehalt der einzelnen Untereinheiten – Atome oder Moleküle –, die den Kristall bilden.
2. Dem Informationsgehalt der Bindungen, die die Untereinheiten zu einer „festen" Struktur zusammenschließen.
3. Den Resonanzen, die in einem Kristall auftreten und zu seiner weiteren Organisation beitragen.

Außerdem gibt es möglicherweise weitere Informationskomponenten wie Knoten, Antiknoten und Zwischenknoten. Diese letzteren Komponenten will ich im Augenblick außer acht lassen, weil man davon ausgehen kann, daß sie in den ersten drei Komponenten (insbesondere den Resonanzen) enthalten oder von sekundärer Größenordnung sind.

1. Der Informationsgehalt der Untereinheiten kann im Prinzip auf die gleiche Weise ermittelt werden wie der des ganzen Kristalls. Das Atom läßt sich wie der Kristall als komplexe Struktur betrachten, die aus Nukleonen und Elektronen besteht und als zusammenhängende Einheit organisiert ist – während die Nukleonen ihrerseits aus Untereinheiten (Quarks) bestehen, die ebenfalls zu zusammenhängenden Einheiten organisiert sind.

Man könnte auch dem Wasserstoffatom einen beliebigen Einheitswert zuweisen und die Annahme zugrunde legen, daß der Informationsgehalt eine komplexe Funktion der Atommasse ist. Doch wie wir noch sehen werden, würden dadurch Probleme bei der Analyse des Informationsgehaltes von Kristallen heraufbeschworen, auch wenn die Atommasse positiv, oder gar linear, mit dem Informationsgehalt korrelieren muß.

2. Der Informationsgehalt der Bindungen, die die Untereinheiten an ihrem Platz halten, läßt sich auf der Grundlage der Entropieveränderungen errechnen, die mit einer Änderung des physikalischen Zustands der im Kristall enthaltenden Materie einhergeht. Um genau zu sein, die Entropieveränderung zwischen einem idealen Kristall bei 0 K und seinem Dampfzustand beim Siedepunkt, dem Zustand, in dem alle Bindungen aufgehoben sind und die Atome/Moleküle sich als unabhängige

Einheiten in einem Gas verhalten, drückt die Änderung des Informationsgehaltes aus.

Die Entropieveränderung zwischen einem homogenen Material, das bei 0 K zu einem idealen Kristall organisiert ist, und seiner Dampfphase beim Siedepunkt läßt sich wie folgt schreiben:

$$\Delta S = S_D - S_0 \ . \tag{4.1}$$

Da die Entropie bei 0 K verschwindet, gilt $S_0 = 0$,

$$\Delta S = S_D \ . \tag{4.2}$$

Wenn wir eine solche Rechnung für das Wasser durchführen, gilt bei 373 K näherungsweise

$$S_D = 200 \, \text{J/K/mol} \ . \tag{4.3}$$

Oder pro Mol Wasser:

$$S_D = 200 \, \text{J/K} \ . \tag{4.4}$$

Die oben (Kap. 3) nach Schrödinger und Boltzmann anhand der Beziehung zwischen Information I und Entropie S entwickelte Formel lautet:

$$I = (I_0)e^{-S/k} \ , \tag{4.5}$$

wobei k die Boltzmann-Konstante, $1,38 \times 10^{-23}$ J/K, und (I_0) die bei 0 K im System enthaltene Information ist. Pro Mol Wasser gilt:

$$\begin{aligned}
S/k &= (200 \, \text{J/K}) \, / \, (1,38 \times 10^{-23} \, \text{J/K}) \\
&= 1,45 \times 10^{25} \ .
\end{aligned} \tag{4.6}$$

Durch Einsetzen von (4.6) in (4.5) ergibt sich

$$I = (I_0)e^{-1,45 \times 10^{25}} \tag{4.7}$$

$$I = (I_0)2^{-2,1 \times 10^{25}} \ . \tag{4.8}$$

Der Entropiezuwachs, der mit dem Temperaturzuwachs verknüpft ist, tritt als *negatives Vorzeichen* im Exponenten der Gl. (4.8) zutage und zeigt damit einen Informationsverlust an.

Angenommen, der Exponent in Gl. (4.8) stellt die Informationsveränderungen dar, wie sie in den Entropieveränderungen zum Ausdruck kommen, und weiterhin angenommen, daß sich dieser Exponent in Bits ausdrücken läßt, da er ein Exponent zur Basis 2 ist, dann läßt sich der Informationsverlust, der beim Sieden eines idealen Eiskristalls entsteht, wie folgt schreiben:

$$\log_2 I = \log_2(I_0) - 2,1 \times 10^{25} \ \text{Bits/mol} \ . \tag{4.9}$$

Daraus folgt umgekehrt, daß man einen Input von $2,1 \times 10^{25}$ Informationsbits oder im Durchschnitt ungefähr 35 Bits pro Molekül brauchte, um ein Mol Wasserdampf

(373 K) zu einem idealen Eiskristall (0 K) zu organisieren. Die gesamte Informationsveränderung entspräche jedoch dem mathematischen Produkt der Änderung des Informationszustands, gemessen als Entropieveränderungen, multipliziert mit I_0, der Information, die die einzelnen Wassermoleküle enthalten. Das heißt, auch wenn der Kristall zerstört ist, verfügen die einzelnen Wassermoleküle noch immer über Information.

3. Neben den direkten Bindungen, die die Untereinheiten zusammenhalten, also der elektrostatischen Anziehung zwischen Ionen mit ungleichnamiger Ladung, ist ein idealer Kristall auch ein Resonanzsystem, zu dem stehende Wellen und ein oder mehrere Feldkräfte gehören können, die, obwohl vom Kristall selbst erzeugt, als externe Kraft auf die Untereinheiten einwirken können. Solche stehenden Wellen besitzen Knoten, Gegenknoten und Zwischenknoten, die die einzelnen Untereinheiten in organisierte geometrische Muster „zwingen".

Das Modell für den beschriebenen Vorgang ist das Einfangen gasförmiger Ionen, die einen wolkenähnlichen Zustand bilden, mit Hilfe einer komplexen Anordnung elektrischer und magnetischer Felder. Die zufällige Ionenbewegung erstarrt unter dem Einfluß von außen einwirkender elektromagnetischer Felder zu einem regelmäßigen Muster, das für den Kristallzustand charakteristisch ist (vgl. beispielsweise Wineland u.a. 1987).

Das Ausmaß der in einem Kristall auftretenden Resonanz drückt zum Teil aus, wie ideal er ist. Es gibt ein Spektrum kristalliner Zustände, das von der Puderform am einen Extrem bis zum idealen Kristall beim absoluten Temperaturnullpunkt reicht. Ein Maß dafür ist die Schärfe der Maxima in einem Röntgenbeugungsbild. Das heißt, je größer der Streuungswinkel, desto weniger ideal der Kristall. Desto schlechter organisiert und desto niedriger ist folglich auch sein Informationsgehalt.

Ein anderes Maß könnte die Supraleitfähigkeit sein, die zu beobachten ist. Resonanz- und Supraleitfähigkeit sind möglicherweise ein Maß für die Organisiertheit (und damit den Informationsgehalt) eines Kristalls. Dies wäre von besonderer Bedeutung für Kristalle, die aus heterogenen Untereinheiten bestehen, beispielsweise die Perowskite, deren elektrische Eigenschaften wegen ihrer Supraleitfähigkeit bei hohen Temperaturen in letzter Zeit großes Interesse gefunden haben (vgl. den Überblick von Hazen 1988).

Als noch wichtiger könnte sich die Resonanzmessung bei Kristallen aus organischen Molekülen erweisen, vor allem jenen, die als Elektronentransportmoleküle dienen (bestimmte Carotinoid- und Phenolverbindungen). Da beim Sieden eines idealen Kristalls auch die Resonanzen und die damit verbundenen Erscheinungen zerstört werden, drückt sich in der Entropieveränderung (ΔS), die (beim Wasser) zwischen 0 und 373 K auftritt, nicht nur die in (2) untersuchte Zerstörung der Bindungen aus, sondern auch die der Resonanzen. Doch die Überlegungen dieses Abschnitts (3) erlauben uns möglicherweise, die Resonanz und die mit ihr verknüpften Organisationsmerkmale eines Kristalls (oder Polymers) – Knoten und ähnliche Eigenschaften – unabhängig vom primären Informationsgehalt zu messen, also unabhängig von den Bindungen, die die Untereinheiten in einem geordneten Gitter fixieren. Außerordentlich nützlich könnten solche Messungen für den Versuch sein, den Informationsgehalt von submolekularen und subatomaren Strukturen zu bestimmen.

4.2 Proteine als Informationssysteme

Ein anderes System, in dem uns ein rasch wachsender Bestand an Forschungsdaten ermöglicht, die Beziehung zwischen Organisation und Entropie zu untersuchen, ist die Proteinchemie. Das Alphabet der Proteine besteht aus Aminosäuren. Wie das geschriebene Englisch aus 26 Buchstaben des Alphabets besteht, nebst einiger zusätzlicher Konventionen (einschließlich des Zwischenraums, der die Wörter trennt), so beruht im Falle der menschlichen Proteine die Sprache auf ungefähr 20 Aminosäuren und einigen zusätzlichen Stücken und Teilen.

Alle Aminosäuren haben ein gemeinsames Merkmal – ein Kohlenstoffatom, das auf der einen Seite mit einer Aminogruppe ($-NH_2$) und auf der anderen mit einer Säure, einer Carboxylgruppe ($-COOH$), verbunden ist. Die beiden anderen Bindungen dieses zentralen Kohlenstoffatoms sind besetzt von einem Wasserstoffatom H und einer R-Gruppe, wie sie häufig genannt wird.

$$
\begin{array}{c}
R \\
| \\
NH_2 - CH - COOH
\end{array}
$$

Die R-Gruppe bestimmt die individuellen Eigenschaften jeder Aminosäure und kann höchst unterschiedliche Gestalt annehmen – von einem zweiten einzelnen Wasserstoffatom bis hin zu ziemlich exotischen Seitenketten, die Benzolringe, Schwefelatome und noch komplexere und vielfältigere Strukturen enthalten. Die R-Gruppen besitzen Eigenschaften von großer Bedeutung, auf die ich gleich zu sprechen kommen werde. Zunächst aber will ich mich mit dem zentralen Kohlenstoffatom beschäftigen, das auf der einen Seite von einer Aminogruppe und auf der anderen von einer Caboxylgruppe flankiert ist. Diese beiden Gruppen können durch eine Peptidbindung ($-CO - NH-$) verknüpft sein. Mit Hilfe dieses Bindungstyps kann die Carboxylgruppe der Aminosäure A mit der Aminogruppe der Aminosäure B verknüpft werden. Die Carboxylgruppe der Aminosäure B kann nun an die Aminogruppe der Aminosäure C gehängt werden, deren Carboxyl an D und so fort. Durch diesen Prozeß können Polypeptide geformt werden, die einfache Aminosäureketten sind.

$$
\begin{array}{cccc}
R_1 & R_2 & R_3 & R_n \\
| & | & | & | \\
\end{array}
$$
$$
NH_2-CH-CO-NH-CH-CO-NH-CH-CO- \ldots -NH-CH-COOH
$$

Einige Proteine sind lediglich sehr große Polypeptide, Ketten, die aus Hunderten von Aminosäuren bestehen. Die besondere Sequenz der Aminosäuren legt die Primärstruktur eines Proteins fest. Mit anderen Worten, die Primärstruktur eines

Proteins hängt davon ab, welche Aminosäure in der Polypeptidkette auf welche andere Aminosäure folgt.

Die Bindungswinkel von Kohlenstoff und Stickstoff sorgen dafür, daß sich die Aminosäuren nicht in einer flachen Ebene aufreihen können. Die Aminosäurekette verwirft sich und die verschiedenen Seitenketten (die R-Gruppen) zweigen in unterschiedliche Richtungen ab. Das ist die Basis für die Sekundärstruktur eines Proteins.

Aminosäureketten können sich aufwickeln. Dabei verbinden sich unter Umständen einige der R-Gruppen, die auf der einen Seite herausragen mit anderen R-Gruppen der Hauptkette. Daraus kann sich eine dauerhafte Faltung der Hauptkette ergeben. Ein Proteinmolekül kann mehrere solcher Schleifen und Falten enthalten. Das Protein ist jetzt keine einfache lineare Kette mehr, sondern besitzt eine bestimmte dreidimensionale Struktur. Diese Faltung einer verworfenen Polypeptidkette zu einem komplexen dreidimensionalen Molekül bezeichnet man als die *Tertiärstruktur* des Moleküls.

Schließlich können sich noch zwei oder mehr solcher Polypeptid-Tertiärketten zu größeren Einheiten zusammenfügen. Man spricht dann von der *Quartärstruktur* eines großen Proteins.

Wie das englische Alphabet eine Sprache von mehr als hunderttausend Wörtern erzeugt, so können sich die zwanzig Aminosäuren, wie die obige Beschreibung gezeigt haben dürfte, zu hunderttausenden verschiedener Proteinarten zusammenfügen. Tatsächlich ist die Zahl der Proteine möglicherweise sehr viel größer, weil die meisten Proteine aus Ketten mit Hunderten von Aminosäuren bestehen, während die Mehrzahl der Wörter noch nicht einmal zehn Buchstaben umfaßt. Einige dieser Proteine haben Gerüstfunktion, etwa das Kollagen, das ein wichtiger Bestandteil von Bindegeweben ist, oder das Elastin in den Ligamenten. Andere sind mit bestimmten, nicht aus Protein gebildeten Bestandteilen verknüpft, um Spezialfunktionen wahrnehmen zu können, wie zum Beispiel das Hämoglobin, das für den Sauerstofftransport im Blut zuständig ist. Die größte bekannte Gruppe sind jedoch die Enzyme. Diese organischen Katalysatoren enthalten die Information, die erforderlich ist, um chemische Reaktionen mit einer sehr viel höheren thermodynamischen Wahrscheinlichkeit zu ermöglichen, als angesichts der Temperatur (und anderer physikalischer Parameter) des Zellsystems zu erwarten wäre. Enzyme können große Moleküle zerlegen und dabei nützliche Energie gewinnen. Umgekehrt können sie solche Makromoleküle (Proteine eingeschlossen) auch aus kleineren Untereinheiten (Aminosäuren zum Beispiel) herstellen. Sie liefern die Information, mit deren Hilfe sich Makromoleküle auf- und abbauen lassen. Vor allem aber sind sie von entscheidender Bedeutung für die Energieströme, die lebende Systeme durchziehen, und für die Arbeit, die von ihnen geleistet wird.

4.3 Die Denaturierung von Trypsin

Das von der Bauchspeicheldrüse abgesonderte Enzym Trypsin hilft bei der Verdauung von Proteinen. Da es sich in großen Mengen aus den Eingeweiden von Schlachttieren gewinnen läßt, gehörte es zu den ersten Enzymen, die man eingehend untersuchte. Zwar entdeckte und untersuchte man das Enzym anfangs im Zusammenhang mit dem menschlichen und tierischen Verdauungstrakt, doch erwies sich später, daß es auch eine bedeutsame Rolle auf zellulärer und subzellulärer Ebene spielt. Das Enzym besitzt eine Molekülmasse von ungefähr 24000 Dalton. Seine Wirkung beruht auf der hydrolytischen Spaltung einer Peptidbindung an den Punkten in der Polypeptidkette, die die Aminosäuren Arginin oder Lysin enthalten.

Wie die meisten Enzyme besitzt Trypsin an der Angriffsstelle eine hohe Spezifität für die dreidimensionale Atom- und Elektronenstruktur der Polypeptidkette. Sowohl das Enzym (Trypsin) wie auch das Substrat (beispielsweise eine Peptidbindung, an der die Aminosäure Arginin beteiligt ist) besitzen eine räumliche Organisation, die dem einen ermöglichen, den anderen als „passend" zu „erkennen" – wie etwa im Fall eines komplizierten Schlosses und seines Schlüssels. Enzyme bedeuten deshalb für das System einen erheblichen Informationsinput, (wie übrigens auch Membranen). Wir können das Ganze wie folgt betrachten: Das Enzym sorgt als Informationsmechanismus für eine Informationsumgebung, in der eine bestimmte Reaktion bei einer sehr viel niedrigeren Temperatur ablaufen kann. Durch das Enzym wird die Aktivierungsenergie gesenkt.

Der Informationsgehalt in der Tertiärstruktur eines Enzyms läßt sich dadurch bestimmen, daß man die Entropieveränderungen mißt, die auftreten, wenn man das Protein durch Erwärmung inaktiviert. Die Erwärmung bewirkt, daß das Enzym seine charakteristische Tertiärstruktur verliert. Bei den meisten chemischen Reaktionen, an denen ein gelöster Reaktand beteiligt ist, betragen die Entropieveränderungen weniger als 60 cal/K/mol. Dagegen umfaßt die Denaturierung des Trypsins, wenn es sich aus einer hochorganisierten, biologisch aktiven Verbindung in eine Substanz von wenig organisiertem, inaktivem Zustand verwandelt, 213 cal/K/mol (Fruton und Simmonds 1958, unter Verwendung von Daten aus Anson und Mirsky 1934). Mit anderen Worten, das Informationsgefälle zwischen einem funktionsfähigen Molekül (zum Beispiel einem Enzym) und einem inaktivierten Molekül, das praktisch noch aus denselben Atomen besteht (!), entspricht im Falle des Trypsins der Entropieveränderung

$$\Delta S = 213 \, \text{cal}/\text{K}/\text{mol} \, .$$

Wie beim Wasserkristall haben wir auch beim Trypsinmolekül die Möglichkeit, eine nennenswerte Veränderung in der Organisation des Trypsinmoleküls als eine genau quantifizierbare Veränderung seiner Entropie zu messen, so daß wir diese Veränderung als quantifizierbare Informationsänderung ausdrücken können:[6]

---

[6] Der Autor dankt Dr. N. McEwen, der ihn mit diesen Berechnungen vertraut gemacht hat.

I.

$$S = k \ln W \qquad \text{(Boltzmann-Gleichung)} \qquad (4.10)$$

$$S_\mathrm{n} = k \ln W_\mathrm{n} \qquad \text{(n = natives Protein)} \qquad (4.11)$$

$$S_\mathrm{d} = k \ln W_\mathrm{d} \qquad \text{(d = denaturiertes Protein)} \qquad (4.12)$$

II.

$$\Delta S = S_\mathrm{d} - S_\mathrm{n} \qquad (4.13)$$

$$= k \ln W_\mathrm{d} - k \ln W_\mathrm{n} \qquad (4.14)$$

$$= k \left[\ln W_\mathrm{d} - \ln W_\mathrm{n}\right] \qquad (4.15)$$

$$= k \ln \left[W_\mathrm{d}/W_\mathrm{n}\right] \qquad (4.16)$$

$$\Delta S/k = \ln \left[W_\mathrm{d}/W_\mathrm{n}\right] \qquad (4.17)$$

III.

$$\Delta S = 213 \text{ cal/K/mol (Fruton \& Simmonds)} \qquad (4.18)$$

$$= 891 \quad \text{J/K/mol } (1\,\text{J} = 0,239\,\text{cal}) \qquad (4.19)$$

$$1\,\text{mol} = 6,03 \times 10^{23} \text{ Moleküle (Loschmidt-Konstante)} \qquad (4.20)$$

$$\Delta S = 147,8 \times 10^{-23} \text{ J/K/Molekül} \qquad (4.21)$$

$$k = 1,38 \times 10^{-23} \text{ J/K (Boltzmann-Konstante)} \qquad (4.22)$$

$$\Delta S/k = 107,1 \text{ pro Molekül} \qquad (4.23)$$

IV.

$$\ln W_\mathrm{d}/W_\mathrm{n} = \Delta S/k \qquad \text{(nach 4.17)} \qquad (4.24)$$

$$= 107,6 \text{ pro Molekül} \quad \text{(nach 4.23)} \qquad (4.25)$$

$$W_\mathrm{d}/W_\mathrm{n} = e^{107,6} \text{ pro Molekül} \qquad (4.26)$$

$$= 5,4 \times 10^{46} \text{ Molekül} \qquad (4.27)$$

$$\doteq 2^{155} \text{ pro Molekül} \qquad (4.28)$$

V.

$$W_\mathrm{d} = c/I_\mathrm{d} \quad \text{(definitionsgemäß, vgl. Kap. 3)} \qquad (4.29)$$

$$W_\mathrm{n} = c/I_\mathrm{n} \qquad (4.30)$$

$$W_\mathrm{d}/W_\mathrm{n} = [c/I_\mathrm{d}]/[c/I_\mathrm{n}] \qquad (4.31)$$

$$= I_\mathrm{n}/I_\mathrm{d} \qquad (4.32)$$

VI.

$$I_\mathrm{n}/I_\mathrm{d} \doteq 2^{155} \text{ pro Molekül} \quad \text{(nach 4.28)} . \qquad (4.33)$$

Die Gleichungen (4.26), (4.27) und (4.28) bringen den Anstieg der thermodynamischen Wahrscheinlichkeit zum Ausdruck, die mit der Denaturierung eines Enzymmoleküls einhergeht. Diese Veränderung wird als der Quotient der Wahrscheinlichkeiten dargestellt, die den beiden Zuständen der Proteinorganisation zugeordnet sind. Gleichung (4.33) leistet das gleiche wie Gl. (4.28), nur daß sie den Quotienten der strukturellen Informationsveränderungen ausdrückt.

Der Exponent dieses Quotienten – $I_\mathrm{n} : I_\mathrm{d} = 2^{155}$ pro Molekül – läßt sich als eine Informationsveränderung von 155 Bits pro Molekül verstehen. Diesem Wert können wir zwar nicht entnehmen, welchen absoluten Informationswert die beiden Proteinformen enthalten, aber immerhin läßt er die enorme Größenordnung der Informationsveränderung erkennen, die stattfindet, wenn ein natives (ursprüngliches) Proteinmolekül seine Tertiärstruktur verliert. Daraus folgt, daß in einem binären

Entscheidungsbaum ungefähr 155 Verzweigungspunkte zurückkzulegen sind, bevor ein einziges Molekül denaturierten Trypsins seinen funktionsfähigen nativen Zustand wiedergewinnt. Innerhalb dieses begrifflichen Rahmens läßt sich die Gl. (4.33) mit Hilfe von Informationsbits wie folgt schreiben:

$$\log_2 I_{\mathrm{d}} \doteq \log_2 I_{\mathrm{n}} - 155 \text{ Bits pro Molekül} . \tag{3.34}$$

Mit anderen Worten, es ist eine zusätzliche Information von 155 Bits erforderlich, um ein heteropolymeres Molekül, das aus einer Aminosäurekette besteht, zu einem funktionsfähigen Enzym zu organisieren – ein Vorgang, bei dem die Kette sich zu ihrer dreidimnsionalen Tertiärstruktur zusammenfaltet.

4.4 Schluß

Hochorganisierte aperiodische Kristalle, wie beispielsweise Proteine, zeigen, lange bevor die Untereinheiten in den dampfförmigen Zustand übergehen, große Veränderungen in ihrer Organisation. Halten wir fest, daß nur 35 Informationsbits erforderlich sind, um Wasserdampf zu einem idealen Eiskristall zu kondensieren, während 155 Bits notwendig sind, nur um die Polypeptidkette des Trypsins (die bereits eine primäre und sekundäre Polymerstruktur besitzt) zu einem funktionsfähigen Enzymmolekül zu falten.

Wenn die vorstehenden Annahmen richtig sind, wenn also der Bitverlust pro Molekül richtig berechnet ist – bei der Verdampfung eines idealen Eiskristalls 35 oder bei der Denaturierung eines Trypsinmoleküls 155 –, dann läßt sich errechnen, daß eine Entropieveränderung von ungefähr 6 J/K/mol erforderlich ist, um einen Verlust von etwa einem Bit pro *Molekül* hervorzurufen, oder umgekehrt:

Eine Entropieeinheit entspricht ungefähr 10^{23} Bits/pro Molekül.

Wenn das stimmt, ist pro Grad ein Joule Energie ungefähr 10^{23} Informationsbits äquivalent, das heißt:

$$1 \text{ J/K} \sim 10^{23} \text{ Bits} . \tag{4.35}$$

Literatur

J.S. Fruton und S. Simmonds (1958), *General Biochemistry*, John Wiley New York

R.M. Hazen (1988), Perovskites, Scientific American, 258 (6), S. 52–61

D.J. Wineland, J.C. Bergquist, W.M. Itano, J.J. Bollinger und C.H. Manney (1987), Atomic-ion coulomb clusters in an ion trap, *Phys. Rev. Lett.*, 59 (26), S. 2935–2938.

5. Information und Entropie: Weitere Konsequenzen

5.1 Einleitung

Die mathematische Beziehung zwischen Information und Entropie, die in den vorstehenden Kapiteln beschrieben wurde, verlangt in mindestens vier Bereichen weitere Paradigmenwechsel:

1. Die durch die Gln. (3.10) und (3.11) festgelegte Beziehung befindet sich im Gegensatz zum traditionellen Verständnis dieser Beziehung durch Nachrichtentechniker.
2. Aus den Gleichungen folgt, daß die Entropie im Prinzip auch negative Werte annehmen kann, wie in Abb. 3.2 demonstriert.
3. Der exponentielle Anstieg der Kurve im oberen linken Quadranten der Figur (Abb. 3.2) läßt erkennen, daß die Werte für die Information I bei sehr kleinen negativen Veränderungen der Entropie sehr groß werden. Es gibt im übrigen für die Information keine theoretische Obergrenze.
4. Nicht nur die Entropie kann im gesamten Universum anwachsen, sondern auch die Information. Statt als gleichförmige Teilchensuppe mit sehr niedrigen Energiezuständen – dem Entropietod – zu enden, strebt das Universum möglicherweise einem Endzustand zu, in dem sich alle Materie und Energie in reine Information verwandelt haben.

Betrachten wir diese Konsequenzen etwas näher.

5.2 Information und Entropie aus der Sicht des Nachrichtentechnikers

Der Gedanke, daß Information und Entropie in einer gewisen Beziehung stehen, ist nicht ganz neu. Leo Szilard hat 1929 in einem Artikel Überlegungen zum Maxwellschen Dämon angestellt, der in einer Gaskammer die „rascheren Moleküle" von den langsameren zu scheiden vermochte. Szilard nahm an, der Dämon besitze Information über die Gasmoleküle und wandle die Information in eine Form negativer Entropie um.[7]

---

[7] In der wirklichen Welt verfügen biologische Systeme, die mit Membranen ausgerüstet sind, über solche Dämonen. Beispielsweise besteht die Grünalge Valonia aus einem kugelförmigen Hohlraum, der mit Flüssigkeit gefüllt ist. Die Kaliumkonzentration dieser Flüssigkeit ist tausend-

(Fortsetzung auf S. 40)

Die Nachrichtentechniker waren die ersten, die erkannten, daß es nützlich sein könnte, den Entropiebegriff auf die Informationsübertragung anzuwenden. In der klassischen Abhandlung „A mathematical theory of communication" stellte Claude Shannon (1948) eine Beziehung zwischen Information und Entropie her. Allerdings unterscheiden sich die von Shannon und seinen Mitarbeitern entwickelten Konzepte erheblich von denen, die ich in der vorliegenden Arbeit erörtere. Shannon hat nie behauptet, er habe eine Informationstheorie entwickelt. Wie er im Titel seiner Arbeit erklärt, ging es ihm um eine mathematische Theorie der *communication*, also der Nachrichtenübertragung. „Information" wurde bei Shannon als abstrakte, quantifizierbare Einheit behandelt. Da sich die Information, die übertragen wird, mathematisch handhaben ließ, entstand verständlicherweise der Eindruck, Shannon habe eine Theorie der Information geschaffen. Das war sehr unglücklich für die weitere Entwicklung.

Colin Cherry (1978, S. 43–44) erörtert die frühere (1928) Arbeit von R.V.L. Hartley, der Information als sukzessive Auswahl von Zeichen oder Wörtern aus einer gegebenen Liste definierte. Hartley ging es um die Information*übertragung*. Deshalb lehnte er alle subjektiven Faktoren, wie etwa Bedeutung, ab – er war ausschließlich an der Übertragung von Zeichen oder physikalischen Signalen interessiert. Von dieser Überlegung ausgehend konnte er nachweisen, daß eine Nachricht von N Zeichen, die aus einem Alphabet von S Zeichen ausgewählt sind, S^N Möglichkeiten aufweist. Infolgedessen ließ sich die „Informationsmenge" definieren als der Logarithmus:

$$H = N \log S .$$

(5.1)

Shannon stützte sich auf diese und ähnliche Ideen, als er seine Konzepte formulierte. Wie Colin Cherry ganz richtig anmerkt [S. 51], „ist es schade, daß Hartleys mathematischen Konzepte nie als 'Information' bezeichnet worden sind". Die Formel, die Shannon für die durchschnittliche Information in einer langen Sequenz von n Symbolen ableitet, lautet:

$$H_n = - \sum_i p_i \log p_i .$$

(5.2)

Dazu Cherry: „H_n ist in Wirklichkeit ein Maß für nur einen Aspekt des Informationsbegriffs – des statistischen Seltenheits- oder ‚Überraschungswertes' einer Folge von Nachrichtenzeichen."

Zur weiteren Verwirrung trug bei, daß Shannon, als er das statistische Verhalten von Symbolen in einer Nachricht untersuchte, den Entropiebegriff metaphorisch

---

mal höher als die des umgebenden Meerwassers. In ähnlicher Weise entzieht die menschliche Niere dem Blut ständig Moleküle und scheidet die potentiell schädlichen aus (unter anderem das überschüssige Wasser). Die Niere braucht Energie, um ihre Arbeit verrichten zu können. Insofern ist sie eines von vielen Beispielen für biologische Maschinen, die Energie in Information umwandeln. Mit anderen Worten, biologische Dämonen leisten die Arbeit der Maxwellschen Dämonen – sie sortieren Moleküle und verringern die Entropie, sind dazu aber nur imstande, wenn ihnen Energie zugeführt wird.

verwendete. So heißt es beispielsweise bei Shannon und Weaver (1964, S. 12): „Die Größe, die in einzigartiger Weise die an 'Information' gestellten Bedingungen erfüllt, erweist sich als genau diejenige, die in der Thermodynamik als *Entropie* bezeichnet wird" [Hervorhebung im Original]. Sie führen weiter aus [S. 13]: „Im Grunde ist es ganz natürlich, daß Information durch Entropie gemessen wird, wenn wir uns daran erinnern, daß Information in der Kommunikationstheorie mit der Wahlfreiheit bei der Zusammenstellung von Nachrichten zusammenhängt." Deshalb gelangen Shannon und Weaver zu dem Schluß, daß sich eine Situation, die stark organisiert ist, „durch ein hohes Maß an Zufälligkeit oder Wahlfreiheit auszeichnet, das heißt, die Information (oder Entropie) ist niedrig."

In einer scharfsinnigen Untersuchung der Beziehung zwischen Entropie und Information erklärt Jeffrey Wicken (1987) [S. 179]: „Zwar ist die Shannon-Gleichung mit der Boltzmann-Gleichung symbolisch isomorph, doch die Bedeutungen der beiden Gleichungen haben wenig gemein." In der Thermodynamik ist der Makrozustand das, was empirisch meßbar ist, während der Mikrozustand ein theoretisches Konstrukt ist. Er besitzt zwar durchaus eine physikalische Realität, doch lassen sich individuelle Mikrozustände nicht messen. Insofern unterscheidet sich ein Mikrozustand von einer Nachricht. Eine Nachricht ist konkret und definierbar. Dagegen ist die Menge aller möglichen Nachrichten, die gesendet worden sein könnten – ob sinnlich erfahrbar oder nicht –, das theoretische Konstrukt [S. 180]. Shannon hätte den Begriff „Entropie" auf eine Eigenschaft eines Ensembles beschränken sollen, statt ihn auf die Nachricht selbst auszudehnen. Die Shannon-Formel mißt die Komplexität struktureller Beziehungen. Doch die Formel, die erforderlich ist, um eine Struktur zu spezifizieren, quantifiziert den Informations*gehalt*. Für die quantitative Definition von unsinnigen Sequenzen oder Strukturen ist ebenso viel Information erforderlich wie für die Definition von Sequenzen oder Strukturen, die funktionale Bedeutung besitzen [S. 184f].

Der Gedanke, daß Information und Entropie das gleiche seien, wurde später durch die Idee ersetzt, daß Information der Negentropie entspreche. Leon Brillouin definiert in seinem Buch *Science and Information Theory* Negentropie einfach als das Negative der Entropie und stellt fest, daß [S. 154] „Information sich in Negentropie umwandeln läßt, und daß man Information ... nur auf Kosten der Negentropie irgendeines physikalischen Systems erhalten kann". Diese Version des Shannon-Weaver-Ansatzes hat allmählich auch andere Bereiche der Informationstheorie erobert. Nach einer Definition von Stafford Beer (1972), bekannt für seine Organisationskybernetik, ist Negentropie [S. 306] „gleich dem aktiven Informationsgehalt eines Systems".

Brillouin wollte mit seinem Konzept eine Anomalie in Shannons Theorie überwinden: Je zufälliger die Anordnung der Symbole – das heißt, je höher die Entropie –, desto größer der Informationsgehalt. In letzter Konsequenz würde das bedeuten, daß reines Rauschen, das die größte Entropiemenge aufweist, auch die größte Informationsmenge enthielte. Shannon und Weaver waren sich dieses Problems bewußt [Weaver, S. 27]: „Der in dieser Theorie entwickelte Informationsbegriff erscheint zunächst enttäuschend und bizarr – enttäuschend, weil er nichts mit Bedeutung zu tun hat, und bizarr, weil ... die beiden Wörter *Information* und

Ungewißheit sich hier als Partner zusammenfinden." Die Rechtfertigung dafür liefert Shannon [S. 31]: „Die semantischen Aspekte der Nachrichtenübertragung sind für das technische Problem unerheblich. Der entscheidende Aspekt ist, daß die tatsächliche Nachricht eine *Auswahl aus einer Menge* möglicher Nachrichten darstellt. Das System muß so entworfen werden, daß es für jede mögliche Auswahl gilt, nicht nur für diejenige, die tatsächlich getroffen wurde." Der Telefoningenieur Shannon wollte die Probleme klären, die sich ergeben, wenn Information sich einen Nachrichtenkanal entlangbewegt; an der Information als Eigenschaft des Universums war er nicht interessiert. Das also ist der Gegensatz zwischen der „Informationstheorie", die sich aus den Arbeiten von Hartley, Shannon, Weaver sowie der Neo-„Shannoniten" wie Brillouin entwickelt hat, und den Konzepten, die in der vorliegenden Arbeit erörtert werden.

Ich möchte darauf hinweisen, daß es hier nicht darum geht, wie Shannon Symbolmengen mathematisch behandelt. Der mathematische Umgang mit den syntaktischen Aspekten der Sprache ist höchst nützlich. Sehr unglücklich dagegen ist, daß Shannon die Entropie als Metapher verwendet. Dabei gibt es eine solche physikalische Beziehung zwischen Information und Entropie. Doch handelt es sich weder um die direkte Beziehung, die Shannon im Auge hatte, noch die negative Beziehung, die Brillouin erörtert. Aus Gründen, die in den vorangehenden Kapiteln dargelegt wurden, hat physikalische Information mit Ordnung zu tun, und wie Schrödinger nachgewiesen hat, steht Ordnung in einer *umgekehrten* Beziehung zu Boltzmanns thermodynamischer Wahrscheinlichkeitsfunktion. Veränderungen in der Entropie eines physikalischen Systems bedeuten also Veränderungen im Informationsgehalt dieses Systems. Diese Beziehung beruht jedoch auf einem *inversen Exponenten*.

Im übrigen kann man Shannons mathematische Verfahren – so nützlich sie auch für die Bewertung der syntaktischen Aspekte der Sprache sind – nicht verwenden, wenn man die semantischen Aspekte untersuchen will. Die „Bedeutung" der Wörter ist abhängig von ihrem „Kontext". Das setzt voraus, daß man sich mit der „Informationsumgebung" eines bestimmten Wortes oder einer anderen semantischen Einheit auseinandersetzt. Hier sind ganz andere mathematische Methoden erforderlich – ein Problem, mit dem ich mich in einer geplanten Arbeit befassen werde (*Beyond Chaos: Towards a General Theory of Information*).

5.3 Positive Entropie

Wie Abbildung 3.2 zeigt, nimmt die Information I ab, wenn die Entropie S zunimmt. Geht die Entropie gegen Unendlich, so geht die Information gegen Null.

Mancher Leser wird sich nur schwer vorstellen können, daß ein Gas, welches aus in zufälliger Bewegung befindlichen Molekülen besteht, überhaupt irgendeine Information besitzt. Die Kurve, die die Beziehung zwischen Information und Entropie ausdrückt, müßte rasch auf Null I abfallen, wenn man sich auf der X-Achse nach rechts bewegt, statt mit ihr asymptotisch zu verlaufen.

Doch ein Gas besteht aus Molekülen, und Moleküle enthalten Informationen. Die den Molekülen innewohnende Organisation wirkt sich auf ihr Verhalten in gasförmigem Zustand aus. Aus diesem Grunde ergeben sich bei zwei verschiedenen Gasen, die unter Standardbedingungen auf gleiche Weise erwärmt werden, unterschiedliche Entropiezuwächse. Wenn man ein Gas erwärmt, erhöht sich möglicherweise die Geschwindigkeit der Molekülbewegungen, doch eine solche Zunahme bewirkt nur eine belanglose Erhöhung der Randomisation (Unordnung). Deshalb ist der Organisationsverlust auf *inter*molekularer Ebene minimal. Auf der *intra*molekularen Ebene wird die innere Struktur der Moleküle überhaupt nicht beeinträchtigt. Infolgedessen ist der Gesamtverlust an Information geringfügig.

Bei weiterer Erwärmung eines Gases treten jedoch Diskontinuitäten auf. Sie lassen unter Umständen große Entropiesprünge erkennen, die mit der Zerstörung der Organisation auf fundamentaleren Ebenen verbunden sind (vgl. den Überblick von Greiner und Stocker 1985). Dazu gehört die Ionisation von Gasen, wenn die molekularen Stöße so heftig werden, daß Elektronen herausgeschlagen werden und Atome dissoziieren. Beispielsweise verwandelt sich Dampf, der auf 1 000 °C erwärmt wird, in ein Plasma aus Ionen und Elektronen. Bei noch höheren Energiedichten geht das Konzept des Atoms ganz verloren: Im normalen Grundzustand der Materie ist der Atomkern wie ein Flüssigkeitstropfen, in dem sich die Nukleonen frei umherbewegen, aber selten über seine Oberfläche hinausgelangen. Doch bei hinreichender Energiezufuhr ist zu beobachten, daß die Kernmaterie „siedet". Klettern die Temperaturen noch höher, verlieren auch die Nukleonen ihre Organisation und verwandeln sich in ein Plasma aus Quarks und Gluonen (ein Quagma).

Von besonderem Interesse ist die Beziehung zwischen der Entropie und diesen Transformationen. Die Auswirkung der Entropie auf das Massenspektrum hat eine Arbeitsgruppe an der Michigan State University dazu benutzt, die durch Stöße hervorgerufene Entropie zu messen. Die Forscher in Michigan fanden heraus, daß die in Teilchenstößen hervorgerufene Entropie sehr viel stärker zunimmt, als Berechnungen erwarten lassen, die von den Eigenschaften normaler Kernmaterie ausgehen. Lazlo P. Csernai von der University of Minnesota hat die Vermutung geäußert, die zusätzliche Entropie könnte den Übergang von einem flüssigen zu einem gasförmigen Zustand anzeigen, und er hat die Ereignisfolge beschrieben, die zu einer solchen Beobachtung führen könnte.

Das hydrodynamische Modell der Schwerionen-Stöße beruht auf thermodynamischen Konzepten, die voraussetzen, daß sich die Teilchen zufällig bewegen. Es ist jedoch keineswegs sicher, daß diese Bedingung auch im Inneren von Kernmaterie erfüllt ist. Das heißt, die Teilchen könnten durchaus miteinander wechselwirken. Nun unterstellt man aber Gasmolekülen in traditionellen thermodynamischen Systemen, daß sie ideal sind, also nicht miteinander wechselwirken. Das ist in der wirklichen Welt offenkundig nicht der Fall. Aber auch wenn die Kernteilchen wechselwirken, schließt das eine thermodynamische Analyse nicht unbedingt aus. Die unerklärte Entropiezunahme bei Kernreaktionen hat höchstwahrscheinlich mit dem Zerfall organisierter Körper zu tun.

Die latente Wärme, die absorbiert wird, wenn Eis schmilzt, zeigt, wieviel zusätzliche Wärme erforderlich ist, um eine Kristallstruktur in eine Flüssigkeit umzuformen. Das gleiche gilt, wenn flüssiges Wasser verdunstet. Punkte auf der Wärme-Temperaturkurve, an denen Diskontinuitäten in der Beziehung zwischen Wärmezufuhr, Temperaturanstieg (oder seinem Fehlen) und Entropiezunahme auftreten, sind stets mit grundlegenden Veränderungen in der Organisation der Materie verknüpft. Dieses Prinzip gilt nicht nur für Veränderungen der intermolekularen Organisation, sondern auch für die der submolekularen, subatomaren und subnuklearen Organisation.

Im Lichte der vorstehenden Überlegungen würde man erwarten, daß sich das System dem Zustand „null Information/unendliche Entropie" nähert, wenn es aus einem Plasma von ausschließlich fundamentalen Teilchen ohne die geringste Organisation (auf Inter- wie Intra-Teilchen-Ebene) besteht. Der Zustand „null Information/unendliche Entropie" wäre erreicht, wenn die fundamentalen Teilchen zu reiner Energie umgewandelt (verdunstet?) sind. Von diesem Zeitpunkt an hätte die Zufuhr weiterer Energie keinen Einfluß mehr auf die Organisation der Materie, weil es keine Materie mehr gäbe. Mit anderen Worten, der Zustand „unendliche Entropie" würde nicht nur einen Zustand „null Information" bedeuten, sondern auch einen Zustand „null Materie". Überdies würde der Zustand unendlicher Entropie keine Organisation der Energie zulassen, so daß auch die fundamentalen Naturkräfte veschwinden würden. Nach aktuellen kosmologischen Theorien könnte eine solche Bedingung im Urknall zum Zeitpunkt Null vorgelegen haben. Die Bedeutung meiner Überlegungen für die Kosmologie werde ich zu einem späteren Zeitpunkt erörtern.

5.4 Negative Entropie

Die Gesetze der Thermodynamik lassen sich nicht nur auf physikalische Systeme, sondern auch auf chemische und biologische anwenden. Nun unterscheiden sich biologische Systeme allerdings grundlegend von physikalischen. Wird biologischen Systemen fortwährend Energie aus einer fernen Quelle (der Sonne) zugeführt, so beobachtet der Biologe in dem untersuchten System nicht selten Reaktionen, die die Entropie ständig verringern. Den Biologen interessiert nicht, daß dieser Prozeß nur stattfinden kann, weil die Organisation der Sonne abnimmt (und damit die Gesamtentropie des Universums zunimmt). Der Biologe, der täglich sieht, wie die negative Entropie in dem untersuchten System akkumuliert, muß zwangsläufig eine andere Einstellung zur Materie gewinnen als der Physiker oder Techniker, der diesen Vorgang fast nie beobachtet.

Insofern ist es für den Biologen keine überraschung, daß nach der Kurve, die die Beziehung zwischen Information und Entropie ausrückt, die Information immer positiv bleibt, die Entropie aber durchaus negativ werden kann. Das wirft die Frage auf: Kann Entropie in einem negativen Zustand existieren, und wenn, was ist dann diese negative Entropie?

Entropie mißt die Randomisation oder Desorganisation (Chaotisierung) der Materie. Die in Materie enthaltene Entropie läßt sich auf zwei Arten verringern:

(1) Durch Wärmeentzug oder (2) durch Informationszufuhr. Entzöge man einem System die ganze mögliche Wärme, betrüge seine Temperatur 0 K. Nach Nernst wäre dann auch seine Entropie gleich Null. Das bezeichnet man als Dritten Hauptsatz der Thermodynamik.

Dieser Satz wäre aus der Sicht der Informationsphysik abzuändern: Angenommen, Entropie ist ein Maß der Organisation, das auf einer umgekehrten Beziehung beruht, dann spricht nichts dagegen, daß das System auch bei 0 K durch Zufuhr weiterer Information einen höheren Organisationsgrad annehmen kann. Das heißt, es ist zwar unmöglich, einem System bei 0 K noch mehr Wärme zu entziehen, so daß sich die Entropie durch *Wärmeentzug* nicht weiter reduzieren läßt (zu einem negativen Wert), doch gibt es keinen theoretischen Grund, warum sich die Entropie nicht durch *Informationszufuhr* weiter verringern lassen sollte. Wie bei Fahrenheit die Temperatur unter 0° F absinken kann – Fahrenheit hatte den Nullpunkt bei der niedrigsten Temperatur festgesetzt, die sich zu seiner Zeit erreichen ließ –, so kann auch die Entropie möglicherweise unter den Nullpunkt absinken, den Nernst auf der Grundlage seiner Untersuchungen festgesetzt hat.

Dem Kristallographen, Physiker und Techniker mag die Vorstellung, einem idealen Kristall bei 0 K weitere Information zuzuführen, damit negative Entropie entsteht, reichlich abenteuerlich erscheinen: Erstens hat man den intuitiven Eindruck, sie sei falsch, weil sie gegen die traditionellen Konzepte der Entropie zu verstoßen scheint, und zweitens gibt es offenbar keine Möglichkeit, dieses Kunststück zu vollbringen, so daß das Ganze keine erkennbare Anwendungsmöglichkeiten und keinen Vorhersagewert zu haben scheint. Doch stellen wir uns vor, wir würden eine Feldkraft erfinden, die die Atome und ihre Bestandteile – Elektronen und Nukleonen – schon bei Zimmertemperatur zu völliger Bewegungslosigkeit erstarren lassen könnte. Es gibt keinen theoretischen Grund, der ausschließt, daß ein solches System eines Tages erfunden wird.

Tatsächlich haben zwei bekannte Phänomene große Ähnlichkeit mit Feldkräften, die Atome (wenn auch keine Elektronen) bei erhöhten Temperaturen in einem relativ unbeweglichen Zustand halten können. Das erste Beispiel stammt aus einer Arbeit von Wineland u.a. (1987), bei der die Forscher verdampfte Quecksilberionen, obschon in gasförmigem Zustand, durch Einschluß in eine Radiofrequenzfalle nach Paul in einen kristallähnlichen Zustand brachten. Das zweite Phänomen betrifft organische Moleküle, in denen die in Resonanz stehende *Pi*-Elektronenwolke als interatomare Kraft wirkt und die Positionen der Atome stabilisiert. Mit dem Phänomen der organischen Moleküle werde ich mich in Kürze befassen.

Während dem Physiker oder Techniker der Begriff der negativen Entropie wenig plausibel erscheint, stellt er sich für den Informatiker, der versucht, eine allgemeine Informationtheorie zu entwickeln, sehr viel plausibler und interessanter dar: Betrachten wir anstelle einer Anordnung physikalischer Teilchen, die zu einem Kristall organisiert sind, eine Anordnung menschlicher Symbole, die zu einer bestimmten symbolischen Struktur organisiert sind – Buchstaben des lateinischen Alphabets (nebst den entsprechenden Interpunktionssymbolen), die in einem Satz organisiert sind. In diesem Fall läßt sich leicht erkennen, daß man, da man mit einem Entropiezustand von Null beginnt, durch Zufuhr weiterer Information die Entropie bis zu einem absoluten negativen Wert verringern kann.

Um diesen Vorgang zu verstehen, müssen wir zu Shannons Informationstheorie zurückkehren und einen weiteren Blick auf den Isomorphismus zwischen seiner Gleichung und der Entropiegleichung werfen. Im Zusammenhang mit der Arbeit von Brush (1983) weist Wicken (1987) darauf hin, daß Boltzmann und Shannon unabhängig Gleichungen verwendeten, die bereits ein Jahrhundert zuvor von dem französischen Mathematiker DeMoivre auf Glücksspiele angewendet worden waren. Wie Wicken erläutert [S. 179], behandelt jede Gleichung *Ungewißheiten*. Ähnlich hat Colin Cherry [S. 51], wie berichtet, in Shannons Fall dargelegt, H_n drücke den statistischen Seltenheits- oder „Überraschungswert" einer Kette von Nachrichtenzeichen aus.

In Boltzmanns Formel

$$S = k \log W \tag{5.3}$$

steht W für die Gesamtzahl der Mikrozustände, die in einem gegebenen physikalischen System möglich sind, wobei jeder Mikrozustand den Energiezustand eines gegebenen Teilchens definiert. Wenn Atome sich in einem Gas umherbewegen, besitzen sie eine größere Zahl möglicher Mikrozustände als Atome, die an eine Kristallstruktur gebunden sind. Bei 0 K werden alle Mikrozustände identisch, da bei allen die Energie auf Null abgesunken ist. Mithin kann es nur einen einzigen Mikrozustand geben; also ist $W = 1$ und deshalb $S = 0$.

Boltzmanns W ist folglich ein Maß für die durch Wärme erzeugte Unordnung. Insoweit Boltzmanns Gleichung sich auf den *Energie*inhalt von Mikrozuständen bezieht, lassen sich mit ihrer Hilfe keine möglichen Entropiezustände untersuchen, die kleiner als Null sind: Ein System kann nicht weniger Energie enthalten als in dem Energiezustand von Null bei 0 K. Im Gegensatz dazu schließt Schrödingers Modifikation der Boltzmann-Gleichung solche Einschränkungen nicht ein, da er nicht nur Unordnung, sondern auch Ordnung berücksichtigt. Wenn sich ein Weg findet, das System weiter zu organisieren, dann läßt sich auch die Entropie weiter verringern.

Wie eine Entropie Null in einer sprachlichen Situation unterschritten werden kann, zeigt ein Blick auf die möglichen Buchstabenketten, die einen Satz bilden. Mit Hilfe von Shannons Gleichung können wir die Zahl der möglichen Buchstabenketten berechnen, wenn die Zahl der Buchstaben, aus denen wir wählen können, festliegt. (Um den Gedanken zu vereinfachen, seien hier unter der Bezeichnung „Buchstabe" alle Nachrichtenzeichen der geschriebenen englischen Sprache verstanden – einschließlich der Interpunktionszeichen und der Leerräume zwischen den Wörtern.)

$$H_n = - \sum_i P_i \log P_i \, . \tag{5.4}$$

Shannons mittlerer Informationsgehalt H_n geht gegen null, wenn die Zahl der möglichen Buchstabenkombinationen P_i auf eine einzige Kombination beschränkt ist.

Zwar entspricht, wie oben festgestellt, Shannons Zahl möglicher Zustände, die man dadurch herstellt, daß man verschiedene Buchstaben aneinanderreiht, nicht der Boltzmannschen Zahl möglicher Mikrozustände, die entstehen, wenn Teilchen mit unterschiedlichen Energiemengen ausgestattet werden, aber sie haben beide mit der *Unbestimmtheitsmathematik* zu tun. Beide setzen einen Entropiezuwachs mit einer Zunahme der Unbestimmtheit gleich. Boltzmann verknüpft den Entropiezuwachs eines physikalischen Systems mit einer Zunahme seiner thermodynamischen Wahrscheinlichkeit. Shannon verbindet (in Zusammenarbeit mit Weaver) den Entropiezuwachs einer Nachricht mit größeren Freiheitsgraden und folglich mit einem größeren „Informationsgehalt". Für beide ist die Basis Null erreicht, wenn die Zahl der Zustände auf einen einzigen (festgelegten) Zustand reduziert ist. In Shannons Fall schließt jede gegebene Buchstabenkette, sobald sie zu Papier gebracht oder in ein Telefon gesprochen worden ist, alle anderen Möglichkeiten aus. An diesem Punkt in Raum und Zeit wird P_i auf 1 reduziert. Wenn eine Buchstabenfolge spezifiziert worden ist, ist die Unbestimmtheit beseitigt. Bei Boltzmann gilt das gleiche für einen idealen Kristall bei 0 K.

In beiden Fällen, der Thermodynamik wie der Linguistik, sorgt also die *Beseitigung der Unbestimmtheit für eine Basis für die Entropie Null.*

Betrachten wir jetzt zwei Buchstabenketten. Beide seien sie festgelegt und ohne Unbestimmtheit. Folglich enthält keine von beiden Entropie, das heißt, es ist $S = 0$. Allerdings ist die erste Kette in der englischen Sprache völlig unsinnig, da sie aus einer Folge von 27 zufällig ausgewählten Buchstaben nebst 4 Zwischenräumen besteht (gefolgt von einem Punkt). In der zweiten Kette kommen die gleichen 27 Buchstaben vor, doch bilden sie diesmal für einen Leser, der des Englischen mächtig ist, einen sinnvollen Satz.

> (S1) Evaaye dter pfa celbu sleheoarl.
> (S2) Please read the above carefully.

Warum enthält die zweite Buchstabenfolge mehr Information als die erste? Die Antwort ist einfach: In S2 hat mehr Arbeit Eingang gefunden als in S1. Unter Verwendung des gleichen Ausgangsmaterials – der sechsundzwanzig Buchstaben des englischen Alphabets (Groß- und Kleinbuchstaben), der Leerräume zwischen den Buchstaben und der Interpunktionszeichen – ist S2 einer erheblich umfangreicheren *Informationsverarbeitung* unterzogen worden als S1, weil in S2 die Buchstaben in Bezug auf einen sinnstiftenden Kontext geordnet sind!

Im Gegensatz dazu würde die heutige, in der Nachfolge Shannons stehende „Informationstheorie" S2 *weniger* Information zubilligen als S1, denn nach dieser Auffassung hätte S2 weniger „Entropie" als S1. Beweisen würde man dieses neo-shannonitische Argument, indem man einer Versuchsperson den ersten Buchstaben des Satzes zeigen und sie dann auffordern würde, den zweiten Buchstaben zu raten. Nach Eingabe des zweiten Buchstaben würde man sie auffordern, den dritten zu raten und so fort, bis alle 27 Buchstaben und 4 Zwischenräume korrekt dastünden. Ein Englisch sprechender Leser würde in der Folge von Buchstaben und Zwischenräumen von S2 aufgrund ihres semantischen Gehaltes rasch ein Muster entdecken – der Satz hätte Bedeutung für den Leser. S1 dagegen würde ihm gar nichts sagen und ihn bei jeder Lücke für einen nachfolgenden Buchstaben zu vielen Vermutungen zwingen. Nach neo-shannonitischer Auffassung hätte S1 damit einen sehr viel höheren „Überraschungwert" und enthielte mithin mehr „Entropie" und mehr „Information".

Wie oben erörtert, wäre auch nach der hier vorgelegten Informationstheorie die Entropie in S1 höher anzusetzen als in S2. Abzulehnen wäre indessen die Auffassung, daß Satz S1 *mehr* Information enthält, weil er höhere Unbestimmtheit aufweist. Vielmehr besitzt S1 weniger Information, weil ihm die offenkundigen Muster sprachlicher Organisation fehlen, die S2 charakterisieren. Nur wenn zu beweisen wäre, daß S1 einen Code enthält und daß zu seiner Herstellung ein höheres Maß an Informationsverarbeitung erforderlich ist, ließe sich behaupten, daß S1 mehr Information enthält.

Zur Widerlegung des neo-shannonitischen Beweises könnte man jemanden, der mit indogermanischen Sprachen nicht vertraut ist, wohl aber mit dem lateinischen Alphabet – einen Finnen etwa – zum gleichen Spiel auffordern. Für einen Finnen wird der Überraschungswert, auf den er in S2 trifft, mindestens so groß sein wie der von S1. So hätte sich nach neo-shannonitischer Auffassung der Informationsgehalt von S2 erhöht. Er wäre jetzt so groß wie bei S1 oder vielleicht noch größer (S1 hat mehr Ähnlichkeit mit einem finnischen Satz als mit einem englischen). Trotzdem ist es noch derselbe Satz! Auf so schwankendem Boden läßt sich keine schlüssige Informationstheorie errichten.

Für S1 wie S2 war ein beträchtliches Maß an Informationsverarbeitung erforderlich. S1 brauchte ein (menschliches oder maschinelles) System, dessen Speicher das lateinische Alphabet und die oben genannten mit ihm zusammenhängenden Nachrichtensymbole enthält. Es muß sodann eine bestimmte Anzahl der Zeichen auswählen. Die Anweisung könnte wie folgt lauten: Wähle 27 Buchstaben aus, drucke sie zufällig in einer Reihe von sechs-vier-drei-fünf-neun-Buchstabenwörtern und setzen einen Punkt ans Ende. Mit Hilfe dieser Anweisungen, die für die Entstehung eines aus 27 Buchstaben bestehenden Unsinns-Satzes sorgen, ließe sich eine beliebige Zahl solcher Sätze erzeugen, nicht aber S1. Die Anweisungen müßten wesentlich genauer und sehr lang sein. Man müßte viel Information aufwenden, um die Buchstabenfolge von S1 exakt zu verdoppeln. Aber andererseits ist S1 der Willkür des Autors entsprungen. Ein Unsinns-Satz wie S1 könnte von jedem des Englischen nicht mächtigen Sprecher erzeugt werden, der das lateinische Alphabet kennt. Auch ein entsprechend programmierter Computer wäre in der Lage, S1 zusammenzustellen.

Ganz anders verhält es sich mit S2: Sein Autor muß die englische Sprache können, die Bedeutung der Wörter verstehen, die Wörter aus Zehntausenden in seinem Kopf zur Verfügung stehenden lexikalischen Elementen auswählen, über die Angemessenheit der Wörterfolge im hier vorliegenden Kontext entscheiden und die vielen Arten der Informationsverarbeitung durchführen, zu denen das menschliche Gehirn fähig ist.

Das Gehirn wendet beim Denken erhebliche Energiemengen auf. Man meint, daß ein Student, der sich während eines Examens auf die Prüfungsaufgaben konzentriert, ebenso viel Energie verbraucht, wie er für einen flotten Dauerlauf aufwenden müßte. Ferner ist das außerordentliche Maß an Arbeit zu berücksichtigen, das der Autor während seines ganzen Lebens investieren mußte, um die aufgenommenen Informationen zu einem Vorstellungsmodell der Welt zu organisieren und die Kulturtechniken des Lesens und Schreibens zu erwerben. Der Organisationsgrad von S2 richtet sich nicht nur nach der Informationsverarbeitung des Augenblicks, sondern auch nach der gesamten Vorgeschichte des Autors und seinem Bildungsgrad. Solch eine Informationsgeschichte (Datenbasis?) ist nicht erforderlich, um einen Unsinns-Satz wie S1 hervorzubringen.

Wenden wir uns wieder der negativen Entropie zu. S1 enthält keinerlei Unbestimmtheit mehr; mithin ist seine Entropie null. S2 enthält nicht nur ebenfalls keine Unbestimmtheit, sondern hat ein hohes Maß an zusätzlicher Arbeit in Gestalt verfeinerter Informationsverarbeitung aufgenommen. Da zwischen Information und Entropie eine inverse Beziehung vorliegt, bedeutet der zusätzliche Informationsgehalt von S2, daß er *weniger* Entropie als S1 enthalten muß. Nun besitzt S1 aber null Entropie, deshalb muß S2 *negative* Entropie enthalten.

Moleküle wie zum Beispiel die der DNA und der Proteine bestehen aus Ketten einfacherer Moleküle (Nukleotiden, Aminosäuren). Solche Sequenzen repräsentieren eine Reihe von Nachrichten. Gelangen diese Stoffe in den *Kontext* einer Zelle, gewinnen sie unter Umständen „Bedeutung" für die Zelle – was etwa zur Folge haben kann, daß die Zelle die in der DNA verschlüsselte Nachricht verdoppelt. Dadurch werden mehr Informationseinheiten geschaffen, und die Entropie innerhalb der Zelle geht noch weiter zurück.

Biologische Systeme sind also irgendwo zwischen anorganischen Kristallen bei 0 K und menschlichen Symbolsystemen angesiedelt. Die Evolution aller lebenden Systeme bewirkt, daß der Informationsgehalt dieser Systeme ständig anwächst. Dieses Phänomen – der fortwährende Entropieverlust lebender Systeme – veranlaßte Schrödinger zu seiner schon mehrfach erwähnten Untersuchung. In einer beabsichtigten Arbeit (*Beyond Information*) möchte ich die Beziehung zwischen Intelligenz (alle biologischen Systeme zeigen ein gewisses Maß an Intelligenz) und der Negation von Entropie untersuchen.

Bei einem physikalischen System, etwa einem Kristall, läßt sich die Möglichkeit, daß die Entropie einen Wert unter Null annimmt, auf andere Weise darstellen: indem man sich eine Struktur denkt, die thermodynamisch *unwahrscheinlicher* ist als ein idealer Kristall beim absoluten Nullpunkt. Was könnte unwahrscheinlicher als ein solcher Kristall sein? Zum einen ein idealer Kristall bei Zimmertemperatur. Obwohl das Problem noch nicht hinreichend erforscht ist, weiß man doch, daß organische Systeme Eigenschaften zeigen, die man von anorganischen Kristallen nahe des absoluten Temperaturnullpunktes kennt. Erstens, kovalente Bindungen und andere Bindungen z.B. durch P_i-Elektronen stabilisieren den interatomaren Verbund hochorganisierter und komplexer Materie zu festen Strukturen. Das heißt, auch bei Temperaturen deutlich über 0 K wird in einem solchen organischen Molekül die Bewegungsfreiheit der Atome ebenso stark eingeschränkt wie in einem anorganischen Kristall bei 0 K. Diese Bewegungseinschränkung in einem organisierten organischen Kristall, einem Proteinmolekül zum Beispiel, erklärt die weitreichenden Entropieveränderungen nach seiner Desorganisation.

Das zweite Phänomen hängt mit der Supraleitfähigkeit zusammen. In den letzten Jahrzehnten hat man festgestellt, daß zwischen 0 K und dem Schmelzpunkt bestimmter Stoffe ein weiterer thermodynamischer Zustand existieren kann, der Zustand, der mit Supraleitfähigkeit verknüpft ist. Er resultiert sich aus thermischen und elektromagnetischen Resonanzphänomenen. Die Zerstörung der Supraleitfähigkeit durch Wärmezufuhr ist so real wie die Phasenübergänge beim Schmelzen von Eis und beim Verdampfen von Wasser.

In den meisten anorganischen Systemen tritt die Supraleitfähigkeit bei Temperaturen nahe des absoluten Nullpunktes auf. Zwar ist auch diese Frage noch nicht hinreichend untersucht worden, doch hat A. Szent-Györgyi (1968, S. 23) die Vermutung geäußert, die Funktion eines Moleküls wie des Karotins liege darin, die Bewegung von Elektronen mit einem Minimum an Energieverlust zu fördern.

Betrachtet man die Resonanzstrukturen der Elektronen nicht nur der Karotinoide, sondern auch der Phenole, des Chlorophylls, des Hämoglobins, der Membranen und ähnlicher Systeme, die die Zellen im Überfluß besitzen, und nimmt man die Erkenntnisse hinzu, die die Biochemie in Hinblick auf unzählige Elektronentransportsysteme des Stoffwechsels gewonnen hat, so ist mit einiger Wahrscheinlichkeit davon auszugehen, daß sich viele organische Moleküle und Systeme bei normalen (höheren) biologischen Temperaturen wie supraleitende Systeme verhalten.

Heutige biologische Systeme erhalten ihre Energie mit wenigen Ausnahmen (z.B. bestimmten chemotrophen Bakterien) direkt oder indirekt von der Sonne. Licht ist, wie wir später sehen werden, eine Energieform mit hoher Informationskomponente. Im allgemeinen vermeiden biologische Systeme Wärme – sowohl als Energiezufuhr wie als Produkt. Wenn Wärme erzeugt wird, dann nur als Nebenprodukt von Stoffwechselreaktionen, wobei sich darin meist ein mangelnder Wirkungsgrad des Systems ausdrückt. Eine eindeutige Ausnahme ist die Erzeugung der Wärme, durch die warmblütige Tiere ihre Körpertemperatur konstant halten. Daß manche Tiere auf eine solche konstante Körpertemperatur angewiesen sind, zeigt, daß höherentwickelte Stoffwechselsysteme, die ihre Aktivität in einer stark organisierten Umwelt entfalten, einen größeren Wirkungsgrad besitzen. Um das hohe Niveau an struktureller Information innerhalb des Systems beizubehalten, müssen die Entropieveränderungen, die mit Temperaturverschiebungen einhergehen, auf ein Minimum begrenzt werden. Das höchstentwickelte Informationsverarbeitungssystem, das wir kennen, ist das Säugerhirn. Wenn die Temperatur nur ein wenig über eine kritische Schwelle ansteigt (etwa bei hohem Fieber) beginnt das System, Ausfälle zu zeigen, was sich beim Menschen beispielsweise in Halluzinationen äußert. Andererseits ruft ein relativ geringfügiger Temperaturrückgang Bewußtlosigkeit hervor. Dergestalt verändern relativ kleine (wärmeinduzierte) Entropieschwankungen die empfindliche Organisation des Systems so nachhaltig, daß seine Fähigkeit zur Informationsverarbeitung beeinträchtigt ist.

In dem Fall, wo biologische Systeme Wärme hervorrufen und verwenden, liegt folglich die *Aufgabe* der Wärmezufuhr nicht darin, Energie zu liefern, sondern eine stabile Temperatur beizubehalten, um von außen verursachte Entropieveränderungen auf ein Minimum einzugrenzen. Mit anderen Worten, die Wärme wird zur Stabilisierung der Organisation herangezogen – wir haben es mit einem Fall zu tun, wo die kontrollierte Wärmezufuhr einen Informationsinput darstellt.

Ein anderer Fall, an dem ein anorganisches, physikalisches System beteiligt ist – die Bénard-Instabilität –, werde ich in Kap. 6 erörtern.

Physiker haben bisher vor allem den Niedergang des Universums im Blick gehabt, der letztlich in den „Entropietod" führt, die vollständige Randomisation, die keinerlei Struktur bestehen läßt. Biologen indessen haben das Gegenteil beobachtet – die Evolution immer komplexerer Systeme. Praktisch jedes System, das Biologen untersuchen, hat seine organisatorische Komplexität im Laufe der Evolution gesteigert. Ganz gleich ob wir die DNA und verwandte genetische Systeme betrachten, Stoffwechselsysteme, Zellorganisationen, die Organisation von Organen wie dem Herzen oder dem Gehirn, die Evolution der Organismen, die Ökosysteme oder die Biosphäre – stets ist der Prozeß der gleiche: Einfache Systeme werden komplexer, differenzierter, integrierter – sowohl in bezug auf das Innere des Systems als auch in bezug auf seine Umgebung. Kurzum, biologische Systeme entwickeln sich zu immer größerer thermodynamischer Unwahrscheinlichkeit.

Der Rest des Universums mag sich im Niedergang befinden, einem Zustand maximaler Entropie entgegenstreben, doch auf unserem Planeten nimmt die Entropie (mit Hilfe der Sonne) ständig ab! Dies gilt nicht nur für biologische Systeme, sondern auch und in noch höherem Maße für die kulturelle Evolution, die technologische Kultur und die Evolution menschlicher Informationssysteme. Nur in geschlossenen Systemen nimmt die Entropie niemals ab. In offenen Systemen kann die Entropie nicht nur abnehmen, sie vermag auch unter den von Nernst definierten Nullpunkt abzusinken.

5.5 Größenordnungen der Information

Der Umstand, daß I als inverse Exponentialfunktion von S aberwitzig anmutende Größenordnungen annehmen kann, darf uns nicht schrecken. Die thermodynamische Wahrscheinlichkeit hochorganisierter Strukturen mit großen Mengen negativer Entropie, die spontan bei Temperaturen deutlich über 0 K auftreten, muß in der Tat von infinitesimaler Größe sein. Beispielsweise könnte man die im vorigen Kapitel erörterte Denaturierung des Trypsins als einen Wahrscheinlichkeitszuwachs in der Größenordnung von 155 Bits pro Molekül betrachten, und dabei geht es nur um eine Veränderung in der tertiären Organisation des Proteins, nicht um seine Sekundär- oder Tertiärstruktur, die noch viel mehr Information enthalten.

Betrachten wir beispielsweise die Zahl möglicher Polypeptidketten in einem Protein von mittlerer Größe, dessen Kette 200 Aminosäuren enthält: Wie oben dargelegt, geht aus Hartleys Formel hervor, daß es für eine Nachricht von N Zeichen, die aus einem Alphabet von S Zeichen ausgewählt werden, S^N Möglichkeiten gibt. Wenn wir die Einschränkung machen, daß unser Protein nur aus den 21 essentiellen Aminosäuren zusammengesetzt ist, kommen wir auf 21^{200} mögliche Primärstrukturen des Proteins. Binär entspräche das ungefähr 878 Bits/Molekül.

Im Gegensatz dazu würde sich das Gesamtvokabular der englischen Sprache, auch wenn sie nur aus sehr langen Zehn-Buchstaben-Wörtern bestünde, auf 26^{10} (ungefähr einhundert Millionen Millionen) möglicher Wörter belaufen. Bei einem solchen Vokabular wären nur etwa 47 Bits erforderlich, um ein gegebenes Zehn-Buchstaben-Wort zu beschreiben.

Es heißt das längste Wort im englischen Wörterbuch sei „*antidisestablish-mentarianism*" mit 28 Buchstaben. Selbst wenn wir von der völlig absurden Voraussetzung ausgingen, daß die englische Sprache in erster Linie aus 30-Buchstabenwörtern bestünde, brauchte man noch immer weniger als 150 Bits/Wort, um sie zu beschreiben. Im Gegensatz dazu gibt es in der biologischen Welt unzählige Proteine, deren Ketten mehr als 200 Aminosäuren enthalten. Bei einigen wären *Tausende* von Bits zur Beschreibung ihrer Primärstruktur erforderlich. Hinzu kommen noch die Sekundär- und Tertiärstruktur. Außerdem können sich solche Polypetide noch zu Quartärstrukturen aneinanderlagern und/oder sich mit anderen Polymeren assoziieren, so daß Glykoproteine, Lipoproteine oder andere komplexe Kristalle entstehen.

Offenbar *enthalten Proteine einen sehr viel größeren Informationsvorrat als menschliche Sprachen.* Proteine sind nur eine Art von vielen verschiedenen Informationssystemen innerhalb lebender Zellen. Lipide, Zucker, Aminozucker und andere Substanzen, die Membranen, Stärke, Glykogen, Zellulose und viele andere Polymere bilden, können genauso komplex sein. DNA, die Trägerin der genetischen Information, hat natürlich eine noch größere Kapazität. Eine Kette von 5 000 Nukleotiden repräsentiert 4^{5000} mögliche Kombinationen (das Alphabet der DNA besteht aus vier verschiedenen Nukleotiden). Um solche Ketten zu beschreiben, wären 10 000 Bits/Molekül erforderlich.

Im übrigen handelt es sich bei den obenbeschriebenen Substanzen nur um den Rohstoff, aus dem die lebende Materie besteht. Diese Polymere lagern sich zu komplexen, integrierten Makromolekulareinheiten zusammen, die ihrerseits irgendwie zu einer funktionsfähigen primitiven (prokaryontischen) Zelle integriert werden. Das heißt, in den Ausführungen der vorstehenden Absschnitte geht es um Informations-Größenordnungen, die in Komplexität (und Unwahrscheinlichkeit) um mindestens zwei Stufen niedriger sind als die einfachsten der uns bekannten Zellen – Zellen, denen der Kern und die meisten Organellen fehlen, die sich nicht differenzieren können und keine andere Organisationsform kennen als Ketten oder Klumpen völlig gleichartiger Zellen.

Die Größenordnungen der Unwahrscheinlichkeit sind riesig. Vielleicht läßt sich ein Eindruck vermitteln, indem man die Wahrscheinlichkeit für den Versuch berechnet, die erste lebende Zelle zu finden, die in unserem Universum aufgetreten ist: Nehmen wir an, daß ein kugelförmiger Teil des Universums mit einem Durchmesser von einer Milliarde Lichtjahre irgendwo in seinem Inneren die erste lebende Zelle hervorbringt. Die Zelle, mit einer Kantenlänge von 10 μm, nimmt ein Volumen von 10^3 $\mu\mathrm{m}^3$ ein. Wie groß ist angesichts einer zufälligen Stichprobe von Würfeln mit diesen Ausmaßen die Wahrscheinlichkeit, die Zelle beim ersten Versuch zu finden?

$$r = 0,5 \times 10^9 \quad \text{Lichtjahre}$$
$$= 0,5 \times 10^{22} \text{ Kilometer}$$
$$= 0,5 \times 10^{31} \text{ Mikrometer}$$
$$V = 4/3\pi r^3$$
$$V = 10^{93}\,\mu\text{m}^3 \text{ (angenähert)}$$

Diese Zahl durch $10^3\,\mu\text{m}^3$ geteilt, ergibt eine Wahrscheinlichkeit von 1 zu 10^{90}, die Zelle beim ersten Versuch zu finden. Der Wert von 1 zu 10^{90} ergibt keinen Hinweis auf die Wahrscheinlichkeit für die Entstehung der Zelle, sondern nur für die Möglichkeit, sie zu finden.

5.6 Die Evolution des Universums

Die sehr großen Zahlen, die mit der Unwahrscheinlichkeit höher entwickelter Informationssysteme verknüpft sind, bringen uns zu der Frage, wie solche Systeme überhaupt möglich sind. Die Antwort liegt in den rekursiven Eigenschaften von Informationssystemen. Organisierte Systeme weisen Resonanzen auf. Resonanzen bewirken Schwingungen. Diese besitzen eine regelmäßige Periodizität, während der Veränderungen auftreten können. Solche Veränderungen können die vorhandenen Schwingungen dämpfen oder verstärken. Sie können aber auch neue Resonanzen hervorrufen und neue Schwingungen erregen. Je komplexer das System, desto größer die Wahrscheinlichkeit, daß in einer gegebenen Periode Veränderungen im System hervorgerufen werden. Daher das exponentielle Wachstum der Information.

Angesichts der vorstehenden Überlegungen wird klar, daß Abb. 3.2., die die Beziehung zwischen Information und Entropie darstellt, auch ein Bild von der Evolution des Universums liefert. Ganz rechts – dort, wo die Entropie gegen unendlich geht und die Information gegen null – haben wir den Urknall. Nach links hin nimmt der Informationsgehalt des Universums zu, zunächst mit der Ausdifferenzierung der Naturkräfte – Gravitation, schwache und starke Wechselwirkung, Elektromagnetismus, dann mit dem Auftreten der Materie. Wenn wir uns weiter nach links bewegen, sehen wir, wie sich die Materie zu immer komplexeren Formen entwickelt. Nähern wir uns der Ordinate – dem Null-Entropie-Zustand –, so beginnen selbst-organisierende Systeme aufzutreten, und bei Eintritt in den linken Quadranten erblicken wir nicht nur die weitere Entwicklung selbst-organisierender Systeme, sondern befinden uns auch schon im Bereich der biologischen Systeme. Wir erleben auch die Entstehung eines völlig neuen Phänomens – der Intelligenz. Von hier an wird die Kurve, die den Informationszuwachs bezeichnet, immer steiler, denn in ihr kommen die autokatalytischen Prozesse zum Ausdruck, eine Besonderheit höherentwickelter Systeme, die nicht nur in der Lage sind, sich selbst zu organisieren, sondern auch ihre Umwelt immer besser zu ordnen vermögen.

Wenn man das Universum als „rekursiv definiertes geometrisches Objekt" (Poundstone 1985, S. 231) versteht, so bedeutet dies, daß sich dort aus komplexen

Systemen immer komplexere entwickeln. Es dauerte etwa eine Milliarde Jahre, bevor sich aus *hochentwickelten* Einzellern der menschliche Organismus gebildet hatte. Ebenfalls eine Milliarde Jahre hatte zuvor die Entwicklung der „eukaryontischen" Zelle gedauert. Eine solche Zelle enthält einen Kern, Mitochondrien und eine Vielzahl anderer Zellorganellen, die alle so aufeinander abgestimmt sind, daß sie ein funktionsfähiges Ganzes bilden. Zumindest einige dieser Organellen, möglicherweise auch alle, waren zu einem früheren Zeitpunkt unabhängige Funktionseinheiten, unter anderem „prokaryontische" Zellen, die keinen Kern besitzen. Mehrzellige Organismen entstanden durch Zusammenschluß vieler Zellen zu funktionsfähigen Einheiten. Wenn sie aus prokaryontischen Zellen bestanden, waren sie nur schwach verbunden und bildeten lediglich höchst einfache Strukturen wie Ketten, Fäden oder Klumpen; dies ist heute noch bei Bakterien, Blau- und Grünalgen zu beobachten. Für komplexere Mehrzeller war die eukaryontische Zelle eine Voraussetzung. Nur dank der komplexen Natur eukaryontischer Zellen konnte jene Formenvielfalt entstehen, die die Differenzierung der vielen Zellarten ermöglichte, konnten sich die Mechanismen der Zellwanderung und -bindung entwickeln.

Bevor sich die eukaryontischen Zellen entwickeln konnten, mußte es prokaryontische Zellen und andere primitive Lebensformen geben. Diese frühen, archaischen Lebensformen konnten ihrerseits erst entstehen, nachdem sich komplexe Moleküle entwickelt hatten. Sie waren Kombinationen einfacherer Moleküle, die durch Kräfte entstanden waren, welche Atome miteinander verbinden. Atome wurden durch intraatomare Kräfte gebildet, die fundamentale Teilchen zu Nukleonen und Atomen zusammenschließen. Mit Hilfe der vorhandenen komplexen Systeme werden immer neue Komplexitätsebenen geschaffen, so daß der Informationsgehalt der ständig neu entwickelten Systeme endlos anwächst. Es begann mit dem Null-Informations-Zustand des Urknalls: Zuerst bildeten sich die fundamentalen Kräfte, dann die Materie heraus. Damit hatte der Evolutionsprozeß begonnen. Das exponentielle Wachstum der Information war nicht mehr aufzuhalten.

Immer größere Unwahrscheinlichkeit entwickelte sich aus der bereits vorhandenen Unwahrscheinlichkeit. Man beginnt nicht mit einer Information von Null, und muß nicht Affen zufällig auf einer Schreibmaschine herumhämmern lassen, in der Hoffnung, daß irgendwann „Hamlet" entsteht (Bennet 1977). Stattdessen wurde ein hochentwickeltes Informationssystem namens William Shakespeare in eine hochentwickelte Informationskultur hineingeboren und fügte dem Universum nach einiger Zeit weitere Information hinzu.

Die These, daß der Informationsgehalt des Universums im Laufe seiner Entwicklung zunehme, befindet sich im Gegensatz zu der Auffassung, daß der Entropiezuwachs unvermeidlich zum „Wärmetod" des Universums führen müsse. Doch es scheint gegenwärtig in der Physik ein Prozeß des Umdenkens stattzufinden. So heißt es bei Paul Davies (1987) in seinem Buch *The Cosmic Blueprint* [S. 20]: „Es gibt neben dem Entropiepfeil noch einen weiteren Zeitpfeil, ebenso fundamental und seiner Natur nach nicht weniger unauffällig... das Universum befindet sich – durch den ständigen Zuwachs an Struktur, Organisation und Komplexität – in einer *Progression* zu immer höher entwickelten und ausgeklügelteren Zuständen der Materie und Energie."

Literatur

S. Beer (1972), *Brain of the Firm*, London, Allen Lane/Penguin

W. R. Bennet (1977), How artificial is intelligence? *Am.Sci.*, 65, S. 694–702

L. Brillouin (1956), *Science and Information Theory*, Academic Press, New York

S. G. Brush (1983), *Statistical Physics and the Atomic Theory of Matter*, Princeton University Press

C. Cherry (1978), *On Human Communication*, 3. Auflage, Cambrindge (Mass), MIT Press

P. Davies (1987), *The Cosmic Blueprint*, London, Heinemann

W. Greiner und H. Stöcker (1985), Hot nuclear matter, Scientific American, 252 (1), S. 58–66

R. V. L. Hartley (1928), Transmission of information, *Bell Syst. Tch. J.*, 7, S. 535

W. Poundstone (1985), *The Recursive Universe*, Chicago, Contemporary Books

C. E. Shannon (1948), A mathematical theory of communication, *Bell Syst. Tech. J.*, 27, S. 379, 623

C. E. Shannon und W. Weaver (1964), *The Mathematical Theory of Communication*, Urbana, University of Illinois Press

A. Szent-Györgyi (1968), *Bioelectronics*, Academic Press, New York

L. Szilard (1929), Über die Entropieverminderung in einem thermodynamischen System bei Eingriffen intelligenter Wesen, *Z. Physik*, 53, S. 840–856

J. Wicken (1987), Entropy and information: suggestions for a common language, *Philos. Sci.*, 54, S. 176–193

D. J. Wineland, J. C. Bergquist, W. M. Itano, J. J. Bollinger und C. H. Manney (1987), Atomic-ion coulomb clusters in an ion trap, *Phys. Rev. Lett.* 59 (26), S. 2935–2938

6. Weitere Überlegungen zur Wechselbeziehung zwischen Information und Energie

6.1 Einleitung

Energie und Information sind leicht ineinander umformbar. Wie in den vorstehenden Kapiteln ausführlich erörtert, ist *Entropie*, die in einigen Lehrbüchern als „gebundene" Energie definiert wird oder als Energie, die für die Verrichtung von Arbeit nicht verfügbar ist, in Wirklichkeit ein Maß für die Veränderungen der Information. Wenn die Schlußfolgerung am Ende des Kap. 4 richtig ist, dann geht aus den Informationsveränderungen, die veränderte physikalische Zustände begleiten, hervor, daß ein Joule pro Grad (K) 10^{23} Bits entspricht. Im vorliegenden Kapitel möchte ich weitere Beziehungen zwischen Information und Energie untersuchen. Ich beginne mit der Überlegung, daß Wärme entsteht, wenn man Materie reine Energie zuführt, und daß diese Wärme die Antithese von Struktur ist. Im Gegensatz zur Wärme sind an allen anderen Energieformen organisierte Muster beteiligt. Von diesen Energieformen kann man also mit dem gleichen Recht behaupten, sie enthielten Information, wie sich dies von organisierter Materie sagen läßt. Im folgenden untersuche ich dann das Phänomen der Bewegung und ihrer Matrix, Raum und Zeit. Diese Untersuchung zeigt, daß sich potentielle Energie auch als eine Form von Information verstehen läßt. Schließlich geht es in diesem Kapitel noch um die Arbeit von Informationsmaschinen. In der Wechselwirkung zwischen Materie, Energie und Information sind zwei Informationsarten deutlich zu unterscheiden: strukturelle Information und kinetische Information. Letztere wird mit der potentiellen Energie gleichgesetzt.

6.2 Reine Energie: Wärme, die Antithese der Information

Wärme bedeutet reine Energie, die mit Materie wechselwirkt.[8] Die Wärmezufuhr an sich stellt keinen Informationsinput dar. Eine Wärmezunahme veranlaßt Moleküle oder andere Teilchen, sich zufälliger zu bewegen. Sie bringt einen Kristall zum Schmelzen – und verdampft eine Flüssigkeit zu einem Gas. In jedem Zustand büßt das System Organisation ein. Führt man einem System Wärme zu, so ruft

---

[8] Der Begriff „Wärme" entspricht in der hier verwendeten Bedeutung nichtkorrelierten Phononen in einem Kristall oder der Zufallsbewegung von Molekülen in einem Gas. Er darf nicht verwechselt werden mit beispielsweise der Energie, die als Infrarotstrahlung emittiert wird.

man eine Randomisation seiner Teilelemente hervor – erzeugt man Unordnung im Universum. Der umgekehrte Vorgang – Wärmeentzug wie etwa die Kondensierung eines Gases oder das Gefrieren einer Flüssigkeit – bewirken einen Zuwachs an Organisation. Solche Abkühlungsprozesse gehen also mit einem Anstieg an Information einher.

Wärme ist das Produkt von Energie, die mit Materie wechselwirkt. Struktur entspricht dem Produkt von *Information*, die mit Materie wechselwirkt.

Energiezufuhr äußert sich als Wärme, die Teilchen (Moleküle, Phononen, Plasmonen usw.) in zufällige Schwingungen und Bewegungen versetzt. Informationszufuhr dagegen bringt Teilchen in festliegende Muster und geordnete Bewegung. Insofern läßt sich Wärme als Antithese von Organisation betrachten.

Wenn Wärme die Antithese von Organisation und infolgedessen Energie die Antithese von Information ist, so schließt das nicht die Möglichkeit aus, daß Energie und Information wechselwirkend eine Mischung bilden, die man als „energiereiche Information" oder auch als „strukturierte Energie" bezeichnen könnte. *Information* und *Energie* dürfen nicht als Gegensätze eines bipolaren Systems angesehen werden, sondern müssen als die beiden Eckpunkte eines Dreiecks verstanden werden, das *Materie* als dritten Punkt enthält.

Ein solches Begriffsmodell würde die Grenzen unseres materiellen Universums, die drei Seiten des Dreiecks (die Extreme) in Gestalt folgender Phänomene definieren (s. Abb. 6.1):

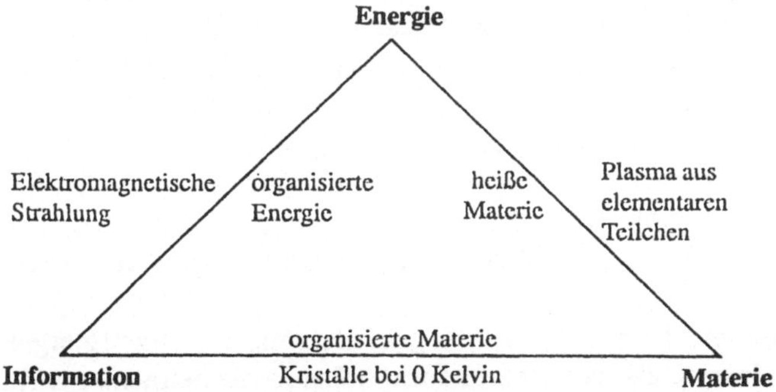

Abb. 6.1. Energie, elektromagnetische Strahlung, organisierte Energie, heiße Materie, Plasma aus fundamentalen Teilchen, Information, organisierte Materiekristalle bei 0 K, Materie

(1) Eine Mischung aus reiner Energie und Materie, ohne Information, würde ein Plasma aus fundamentalen Teilchen bilden. (2) Eine Mischung aus Materie und reiner Information, ohne Energie, wäre beispielsweise ein Kristall bei 0 K. (3) Eine Mischung aus Information und Energie, bar aller Materie, bestünde aus masselosen Teilchen, etwa Photonen, die den materielosen Raum durchqueren.

6.3 Informationsgehalt von Energie

Nehmen wir eine Radiowelle. Als elektromagnetische Strahlung ist sie natürlich eine Form von Energie. Doch eine Radiowelle transportiert sie auch ein erhebliches Maß an Information. Nicht nur die menschliche Information, die der Trägerwelle überlagert ist, um eine menschliche Stimme oder Musik zu reproduzieren, sondern auch die Trägerwelle selbst: Diese hat eine Grundfrequenz, die die Frequenz des Schwingkreises wiedergibt. Die Resonanz ist ihrerseits eine Funktion der elektronischen und physikalischen Struktur des Systems, das heißt, sie hängt vom Informationsgehalt des Systems ab. Mithin trägt selbst eine nichtmodulierte Radiowelle die Information, die ihr die Resonanz des Senders übermittelt.

Tatsächlich enthalten alle Energieformen, von der Wärme abgesehen, eine Informationskomponente: Mechanische Energie hat mit Bewegung zu tun, die, wie ich unten noch eingehender erläutern werde, ihrerseits auf den Größen Entfernung, Zeit und Richtung beruht – alle drei sind Erscheinungsformen der Information. Die Schallenergie hängt von der Organisation des Mediums ab, in dem sie sich ausbreitet. Die chemische Energie richtet sich nach der Elektronenstruktur der an der Reaktion beteiligten Atome und Moleküle. Die osmotische Arbeit wird von der Organisation der semipermeablen Membranen bestimmt. Die elektrische Energie hängt von Strukturen ab, die die Entstehung nichtzufälliger Ladungen ermöglichen. Die Atomenergie hat mit der Organisation des Atomkerns zu tun. Mithin *sind alle Energieformen außer der Wärme durch irgendeine Organisation oder Struktur in Hinblick auf Zeit und Raum gekennzeichnet oder bestimmt.* Nur Wärme zeichnet sich durch völlige Zufälligkeit in Raum und Zeit aus.

Die Vorstellung, daß verschiedene Energieformen unterschiedliche Informationsmengen enthalten und eine Mischung aus reiner Energie plus Information darstellen können, mag zunächst merkwürdig anmuten: Energie ist Energie, und eine Form läßt sich leicht in die andere umwandeln. Es gibt nicht nur einen großen Bestand an experimenteller und praktischer Erfahrung, sondern die Theorie hat auch präzise Formeln zur Beschreibung (und Vorhersage) solcher Umwandlungen entwickelt.

Trotzdem gilt Wärme bei Technikern seit langem als minderwertige Energie, während mechanische Energie als eine Energieform höherer Art betrachtet wird. Es ist an der Zeit, diese unscharfen Begriffe auszurangieren und stattdessen die verschiedenen Energieformen in Hinblick auf ihren Informationsgehalt zu analysieren. Natürlich leuchtet intuitiv ein, daß ein Strahl kohärenten Lichtes mehr Information enthält als ein Strahl inkohärenten Lichtes von gleichem Energieinhalt. Was die Intuition wahrnimmt, ist das Vorliegen eines Musters. In einem Strahl kohärenten Lichtes bewegen sich die Wellen phasengleich, während sich die Wellen inkohärenten Lichtes zufällig bewegen. Doch, wie oben erwähnt, besitzt selbst inkohärentes Licht ein Muster: Jedes Photon hat eine bestimmte Frequenz und eine konstante Geschwindigkeit.

Eis, flüssiges Wasser und Dampf sind Materie, deren Form von ihrem Energieinhalt bestimmt wird. Wir können die Temperatur messen und vorhersagen, wann wir genug Energie zugeführt haben, um Eis in Wasser zu verwandeln oder Wasser in Dampf. In ähnlicher Weise zeigen sich in den verschiedenen Formen der *Energie* die Beschaffenheit und die Menge der in ihnen enthaltenen Information. Wir müssen Instrumente entwickeln, die uns ermöglichen, den Informationsgehalt verschiedener Energieformen genau zu messen.

6.4 Bewegung, Entfernung und Zeit

Bewegung steht in einem impliziten Zusammenhang mit Information: Jede Bewegung beruht auf einer Reorganisation des Universums. Jeder Akt, bei dem eine Einheit von einem Ort an einen anderen bewegt wird, muß auch einen Informationsakt enthalten. In Kapitel 2 habe ich darauf hingewiesen, daß man die drei verwandten Phänomene *Kraft, Impuls, Bewegung* nicht miteinander verwechseln darf, denn die ersten beiden sind Aspekte der Energie, während letzteres eine Form der Information ist. Schließlich habe ich noch darauf hingewiesen, daß Physiker und Techniker seit Galileis klassischen Experimenten alle Bewegung mit Hilfe von Entfernung, Zeit und Richtung beschreiben.

Entfernungsveränderungen pro Zeiteinheit messen die Veränderungen des Informationsgehaltes in dem System, welches das in Bewegung befindliche Teilchen enthält. Genauer, sie messen das Teilchen in Beziehung zu irgendeinem Bezugssystem und die Veränderungen, die diese Beziehung erfährt.

Raum und Zeit sind Organisationseigenschaften des Universums. Beweisen läßt sich diese Behauptung mit dem allgemeinen Ausschließungsprinzip, nach dem zwei feste Körper nicht zur selben Zeit denselben Raum einnehmen können. Übrigens läßt sich auch das Paulische Ausschließungsprinzip, das sich auf die kreisenden Elektronen eines Atoms bezieht, auf diese Weise deuten, nur daß man es hier, statt mit der Organisation von Materie, mit der Organisation eines „energiereichen" Raums der Elektronenhüllen zu tun hat.

Der Raum kann durch Entfernung gemessen werden. Er läßt sich aber auch auf abstrakte Weise zerlegen – Schnittebenen, zwei- und dreidimensionale geometrische Objekte. Unser Primatenerbe hat uns in Verbindung mit unserem hochentwickelten Gehirn in die Lage versetzt, mit dem Raum zu spielen – euklidische Geometrie, Riemannsche Geometrie, Topologie... .

Die Zeit ist viel verschwommener. Die Wahrnehmung und Analyse der Zeit waren für unsere Primatenvorfahren nicht so wichtig wie die Wahrnehmung und Analyse des Raums. In früheren Kulturen war die Zeit, wenn sie überhaupt berücksichtigt wurde, von unbestimmter und zyklischer Art. Erst das abendländische Denken machte sie linear, in eine Richtung verlaufend und teilbar. Einen umfassenden Überblick und eine brillante Analyse dieses Themas verdanken wir Geza Szamosi (1986a, 1986b).

Erstmals hat Galilei nachgewiesen, daß die Zeit bei der Beschreibung von Bewegungen eine unabhängige Variable ist. Mit Hilfe einer Wasseruhr hat er als erster physikalische Ereignisse zeitlich gemssen und gezeigt, daß alle wichtigen Merkmale der Bewegung – zurückgelegte Entfernung, Geschwindigkeit und Beschleunigung – von der Zeit abhängen.

Abgesehen davon, daß diese Experimente Galilei erlaubten, die Gesetze der fallenden Körper zu formulieren, führten sie auch zu einem neuen Begriffsverständnis der Welt. Ein halbes Jahrhundert später wurde dieser neue Zeitbegriff von Newton kodifiziert: „Die absolute, wahre und mathematische Zeit fließt aus sich und ihrem Wesen nach gleichförmig und ohne Beziehung zu etwas außer ihr." Wie Szamosi deutlich macht, wurde die Zeit im Bewußtsein der Menschen zu einer absoluten, unabhängigen Dimension, mit deren Hilfe sich die Bewegung messen ließ. Das stand im Gegensatz zu der früheren platonischen Auffassung, die Zeit sei ein Produkt der Bewegung, vor allem der Bewegung von Sonne und Planeten, eine Auffassung, die von Aristoteles übernommen wurde, der die Zeit der Bewegung jedes Objekts zuschrieb und ihre ewig währende zyklische Natur unterstrich.

Teilweise rührt das Problem daher, daß das Wort „Zeit" in unserer Kultur vieles bedeutet. Im Gegensatz zum Wort „Raum", bei dem wir an den abstrakten Begriff des Raumes denken und ihn nicht mit Messungen des Raumes (d.h. „Entfernung") verwechseln, bezeichnen wir mit „Zeit" sowohl den abstrakten Begriff als auch seine Messung. Tatsächlich verstehen wir unter der Bezeichnung „Zeit" eine Anzahl unterschiedlicher, wenn auch verwandter Konzepte: Das Wort kann eine Dimension von unendlicher, stetiger Dauer bezeichnen (Newtons absolute Zeit), während es gleichzeitig dazu dienen kann, einen relativ unbestimmten Abschnitt dieser Dimension zu beschreiben (eine geschichtliche Epoche), einen bestimmten Abschnitt (eine Jahreszeit zum Beispiel) oder einen genau festliegenden Zeitpunkt, etwa wenn zwei Menschen sich zu einer bestimmten Stunde treffen.

Wir wissen vorzüglich mit dem Raum umzugehen, während wir die Zeit nicht recht in den Griff bekommen. Dazu meint G.J. Whitrow (1975): „Eine besondere Eigenschaft der Zeit liegt darin, daß sie uns das intuitive Gefühl gibt, wir verstünden sie vollkommen – solange man uns nicht auffordert, sie zu erklären" [S. 11].

In der vorliegenden Arbeit werde ich den Raum als das Intervall zwischen Materie und die Zeit als das Intervall zwischen Ereignissen definieren. Sowohl der Raum wie auch die Zeit können mit Hilfe menschlicher Artefakte wie Meßlatte oder Chronometer gemessen werden. Sobald es solche Artefakte gibt, lassen sich Raum und Zeit auf rein abstrakte Weise aufteilen. Das heißt, man kann abstrakte Punkte im Raum erfinden und den abstrakten Raum mit einer Meßlatte messen – selbst wenn sich unser imaginärer Punkt inmitten eines absoluten Vakuums befindet, wo es überhaupt keine Materie gibt. In ähnlicher Weise kann man ein Ereignis erfinden, die Uhr darauf einstellen und das Zeitintervall von diesem Moment an messen.

Messungen von Raum und Zeit liefern Information über die Verteilung und Organisation von Materie und Energie.

Raummessungen (d.h. Entfernungen) haben mit Materie zu tun. Man braucht festgelegte Punkte, *Anhaltspunkte*, um Entfernungen zu messen: die Entfernung zwischen zwei Städten, die Entfernung von der Erde zur Sonne, die Zeit, die das Licht benötigt, um den Abstand zwischen zwei Punkten zurückzulegen. Wie es praktisch unmöglich ist, Entfernungen auf dem Meer ohne Bezugspunkte zu beurteilen, so vermag man es auch nicht in einem Vakuum – wir können den Raum nicht messen, bevor wir nicht ein Bezugssystem einführen. Wir bringen zwei Moleküle hinein, und schon können wir vom „leeren Raum" zwischen ihnen sprechen. Wir können diesen (leeren) Raum als die Entfernung zwischen den beiden Molekülen definieren. Entsprechend verhält es sich mit der Zeit: Stellen wir uns ein Vakuum vor, völlig schwarz und bar jeder Energie. Jetzt führen wir einen Lichtimpuls ein. Dann einen zweiten Impuls. Das Intervall zwischen den beiden Impulsen könnte man als „leere Zeit" beschreiben – nichts geschieht. Wir können diese (leere) Zeit als das Intervall zwischen den beiden Lichtimpulsen definieren.

Ein organisiertes System besetzt Raum und Zeit. Die Menge des eingenommenen Raumes läßt sich in Einheiten der Entfernung messen. Unter ansonsten gleichen Bedingungen gilt: Je größer ein (nicht-leeres) System ist, desto mehr Information enthält es, weil es entweder mehr Einheiten besitzt oder die gleiche Anzahl von Einheiten über größere Entfernungen durch wirksamere Verbindungen gesteuert werden. Wenn sich ein System in der physikalischen Welt infolge von Energiezufuhr räumlich ausdehnt, findet keine Informationsveränderung statt, sofern es nicht auch zu einer Veränderung der Organisation kommt: Bewirkt die zugeführte Energie eine Zunahme der Entropie und wird das expandierende System zufälliger (wie beispielsweise ein Gas, das man erwärmt), dann verliert das System Information. Doch wenn das System seine Organisation beibehält, während es sich ausdehnt, dann müssen die Bindungen zwischen den Einheiten im Vergleich zu vorher stärker werden, um über größere Entfernungen zu wirken – das expandierte System (das seine Struktur beibehält) ist thermodynamisch unwahrscheinlicher als seine Originalversion.

Beispielsweise ist mehr Energie und größere Organisation im Kern des Atoms erforderlich, um Elektronen in einer äußeren Hülle, das heißt, in größerer Entfernung vom Mittelpunkt, an ihrem Platz zu halten. Die schwereren Elemente im Periodensystem enthalten nicht nur mehr Informationseinheiten (Nukleonen und Elektronen) und zeigen nicht nur mehr Differenzierung und Organisation, sondern nehmen auch mehr Raum ein.

Als Regel können wir also festhalten: *Der Informationsgehalt eines Systems ist dem Raum, den er einnimmt, direkt proportional.*

Das Gegenteil gilt für die Zeit. Sie befindet sich wie die Entropie in einer umgekehrten Beziehung zur Information. Je größer das Intervall zwischen zwei Ereignissen, desto geringer der Informationsgehalt des Systems.

Die Idee, daß sich der Informationsgehalt eines Systems vermindert, wenn die Zeit zwischen zwei Ereignissen anwächst, darf nicht mit dem strukturellen Informationsgehalt eines Systems verwechselt werden, welches von längerer Dauer ist. Offenkundig besitzt ein System, das „dem Zahn der Zeit" standhält, mehr Information als eines, das zerfällt. Doch das gleiche gilt für die Entropie: Ein System, das die „Entropiekräfte" überlebt (etwa ein System, das homöostatische Mechanismen besitzt), wird wahrscheinlich mehr Information enthalten als eines, das sich rasch auflöst. Mithin darf man den Informationsgehalt eines Systems, das dem Zahn der

Zeit (oder den Entropiekräften) zu widerstehen vermag, nicht mit der Zeit (oder der Entropie) selbst verwechseln. Die Zeit (wie die Entropie) steht in einer umgekehrten Beziehung zur Information: Je länger das Intervall zwischen zwei Ereignissen, desto weniger Ereignisse pro Zeiteinheit und desto geringer der Informationsgehalt des Systems.

Ich werde mich in Kürze näher mit der wechselseitige Umwandlung von Energie und Information befassen. Hier mag die Feststellung genügen, daß der potentielle Informationsgehalt des Systems (wenn es dazu gebracht werden kann, „nützliche" Arbeit zu verrichten) um so größer ist, je mehr Energie das System enthält. Der Energieinhalt zweier in Bewegung befindlicher Körper von gleicher Masse läßt sich durch ihre jeweiligen Geschwindigkeiten bestimmen. Das gilt nicht für Photonen, deren Ruhemasse null ist. Ob man Beschleunigung oder konstante Geschwindigkeit mißt, in jedem Falle steht die Zeit in umgekehrter Beziehung zur Energie des in Bewegung befindlichen Körpers: Je mehr Zeit er braucht, eine bestimmte Strecke zurückzulegen, desto geringer seine Energie, desto geringer sein Vermögen, Arbeit zu verrichten und, daraus folgend, desto geringer seine potentielle Information.

Wenn alle anderen Bedingungen gleich sind, steht der Informationsgehalt eines Systems also in der Regel in direkter Beziehung zum Raum, den es einnimmt, und in umgekehrter zu der Zeit, die es besetzt.

G.J. Whitrow [S. 140–141] hat sich mit der Idee auseinandergesetzt, daß möglicherweise weder Zeit noch Raum unendlich teilbar sind – sondern wie Materie und Energie eine Feinstruktur von Atomen oder Teilchen aufweisen. Nach seinen Spekulationen betrüge die kleinste räumliche Verlagerung etwa 10^{-12} mm – das entspricht dem effektiven Durchmesser eines Elektrons. Die entsprechende Minimalzeit – das *Chronon* – wäre die Zeit, die das Licht braucht, um einen solchen Abstand zurückzulegen (10^{-24} sec). Nur die Zeit kann zeigen, ob dieses Konzept die physikalische Wirklichkeit widerspiegelt.

Die Organisation von Materie und Energie in Raum und Zeit enthält Information. Wenn wir Materie und Energie aufhöben, hätten wir leeren Raum und leere Zeit. Gäbe es dann noch Information? Ich werde diesen Punkt später erörtern. Es dürfte jedoch klar geworden sein, daß die Messung von abstrakter Entfernung und Zeit Information darstellt.Gleiches gilt für die Messung von Veränderungen in Hinblick auf Entfernung und Zeit. Deshalb ist davon auszugehen, daß alle in Bewegung befindlichen Körper Information enthalten. Diese Information wurde von der Kraft übertragen, welche den Körper auf seinen Weg brachte.

Solche Überlegungen zwingen uns, bekannte physikalische Phänomene ganz neu zu deuten: Nehmen wir beispielsweise zwei Billardkugeln, eine rot, die andere weiß, die mit gleicher Geschwindigkeit auf einem Billardtisch rollen. Die rote bewegt sich in nordöstlicher Richtung, die weiße in südöstliche. Nehmen wir an, sie treffen sich dergestalt, daß ihr Zusammenprall eine Umkehrung der Richtung bewirkt: Die rote rollt jetzt nach Südosten, die weiße nach Nordosten (s. Abb. 6.2).

Hier läßt sich nun fragen, ob die beiden Kugeln *Energie* ausgetauscht haben oder ob es nicht vielmehr *Information* war. Natürlich scheint der Zusammenprall, ein Kleinwinkelstoß, den Energieinhalt des Systems als Ganzen nicht

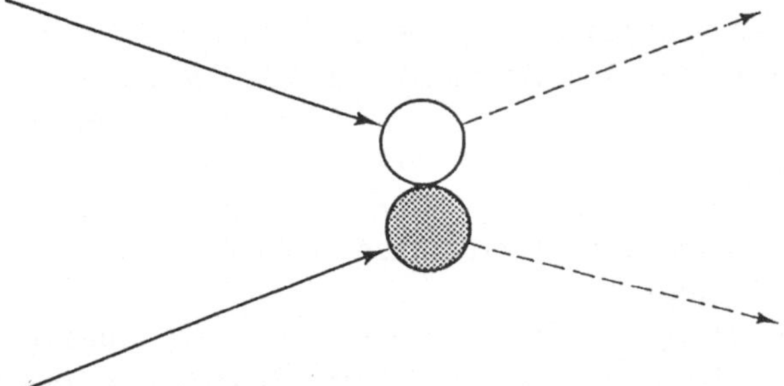

Abb. 6.2. Stoß zweier Billiardbälle

verändert zu haben. Auch der Energieinhalt der einzelnen Kugeln dürfte nicht wesentlich beeinträchtigt sein, denn sie setzen ihren Weg mit praktisch unverminderter Geschwindigkeit fort. Verändert hat sich nur die Richtung: Statt in der nordöstlichen Ecke zu landen, strebt die rote Kugel der südöstlichen Ecke zu, während das umgekehrte für die weiße Kugel gilt. Genauer formuliert, lautet die Frage: Bedeutet die Impulserhaltung, daß die beiden Körper lediglich Information austauschen?

6.5 Information und potentielle Energie

Wenn ich einen Bleistift vom Fußboden aufhebe und auf meinen Schreibtisch lege, erzeuge ich eine Größe, die man „potentielle Energie" nennt. Das heißt, der unschuldig auf meinem Schreibtisch liegende Bleistift besitzt jetzt die magische Eigenschaft der potentiellen Energie. Daß sich der Bleistift nicht bewegen wird, bevor er nicht einer anderer Kraft ausgesetzt ist, wird dabei außer acht gelassen. Der Bleistift enthält jetzt aufgestaute Energie, die nur freigestzt werden kann, wenn er einen Stoß erhält oder auf andere Weise vom Schreibtisch rollt.

Der Bleistift wird sich also erst bewegen, wenn jemand oder etwas mit einer weiteren Kraft auf ihn einwirkt.

Eine informationsorientierte Intepretation wäre sehr viel intuitiver: Als ich den Bleistift aufgehoben habe, nahm ich einen Akt mechanischer Arbeit vor, der die Organisation des Universums verändert hat. Die Abgabe an mechanischer Arbeit hat also eine Veränderung im Informationszustand des Systems hervorgerufen, auf das ich eingewirkt habe.

Betrachten wir ein anderes Beispiel – das Schicksal eines Balls, der in die Luft geworfen wird. Während er steigt, wird er langsamer, und auf dem Scheitelpunkt seiner Bewegung, wenn die Kraft des Wurfes und die Schwerkraft einander aufheben, verharrt er in der Luft, bevor er seinen Fall beginnt. Diese Beobachtung wirft die schwierige und die Physik seit langem beschäftigende Frage auf, was mit der Energie geschieht, wenn ein Ball die stationäre Phase in der Luft erreicht. Bislang hat man zwei Energieformen postuliert: die kinetische und die potentielle. Die kinetische Energie hat mit Bewegung zu tun, die potentielle Energie mit der Lage oder der Konfiguration. Der steigende Ball wandelt also kinetische Energie in potentielle Energie um, bis schließlich auf dem Scheitelpunkt die kinetische Energie null ist und die potentielle Energie ihren Höchstwert erreicht hat. Beim Fall findet der umgekehrte Prozeß statt, so daß zu dem Zeitpunkt, da der Ball auf der Erde aufschlägt, die kinetische Energie ihren Höchstwert erreicht hat, während jetzt die potentielle Energie auf null zurückgegangen ist.

Wenn der Ball aus Gummi oder irgendeinem anderen kompressiblen Material besteht und wenn der Boden eine harte Oberfläche, wie zum Beispiel eine Betonschicht, aufweist, dann springt er wieder hoch. Zunächst aber verharrt er abermals stationär auf dem Boden, bevor er erneut nach oben fliegt. An diesem Punkt ist die kinetische Energie wiederum null, während die potentielle Energie infolge der Formveränderung des Balles jäh angestiegen ist. Während der Ball wieder seine ursprüngliche Kugelform annimmt, beschleunigt er heftig und gewinnt kinetische Energie zurück, während er an potentieller Energie verliert. Nachdem der Ball vom Boden abgeprallt ist, besitzt er erneut ein hohes Maß an kinetischer und ein geringes Maß an potentieller Energie.

Halten wir fest, daß wir für diese Erklärung einer alltäglichen Erscheinung nicht nur zwei verschiedene Energiearten bemühen müssen, die kinetische und die potentielle, sondern auch zwei verschiedene Arten von potentieller Energie: die Energie, die den aufsteigenden Ball in der Luft zurückzieht, die *potentielle Gravitationsenergie*, und die potentielle Energie, die den Ball veranlaßt, wieder hochzuspringen, die *potentielle Konfigurationsenergie*.

Bei einer Analyse des gleichen Phänomens würde der Informationsphysiker auf den Ausdruck „potentielle Energie" verzichten und ihn durch „Information" ersetzen. Wenn wir uns erinnern, daß ein Merkmal der Information ihre thermodynamische Unwahrscheinlichkeit ist, so müssen wir einräumen, daß es sich sowohl bei dem in der Luft verharrenden Ball als auch bei dem stark verformten, zusammengepreßten Ball um sehr unwahrscheinliche Zustände handelt. Ein nach oben geschleuderter Ball verwandelt Energie in Information, bis er seinen Scheitelpunkt erreicht. Zu diesem Zeitpunkt hat sich alle Energie, die von dem Werfer auf den Ball übertragen wurde, vorübergehend in reine Information umgewandelt. Wenn der Ball mit hinreichender Kraft (und im richtigen Winkel) abgeworfen worden wäre, könnte er theoretisch in einer geostationären Umlaufbahn enden. Statt daß der Ball (auf der Erdoberfläche liegend) um die Erdachse kreist, umkreist er sie jetzt in weit größerem Abstand (im Weltraum). So gesehen hätten die zugeführte Energie und die verrichtete Arbeit die Organisation des Systems verändert.

Wir brauchen den Ball gar nicht in eine geostationäre Umlaufbahn zu bringen, sondern ihn nur vom Boden aufzuheben und auf den Tisch zu legen. Wir haben dann Energie zugeführt, mit ihr Arbeit verrichtet und durch die Arbeit eine Veränderung in der Organisation des Systems hervorgerufen. Wenn wir dagegen behaupten, alle Energie, die wir aufgewendet haben, um den Ball vom Boden auf den Tisch zu befördern, sei jetzt in Form potentieller Energie im Ball gespeichert, so lassen wir die Tatsache unberücksichtigt, daß sich der Ball im Ruhezustand befindet (nehmen wir an, wir hätten ihn zur Sicherheit in eine Schüssel gelegt) und sich nicht bewegen wird, bevor nicht eine neue Kraft auf ihn einwirkt. Die Energie, die der Ball enthielt, als er sich bewegte (seine kinetische Energie), ist verschwunden. Es wird keine weitere Veränderung eintreten, bevor nicht eine weitere Kraft aufgewendet wird. Praktisch gibt es keine Energie mehr. Wie im Falle des Bleistiftes, den wir wieder auf den Schreibtisch legen, wäre es viel logischer, von der Annahme auszugehen, daß wir mit der Arbeit, die wir verrichtet haben, als wir den Ball vom Boden aufhoben und in die Schüssel legten, den Informationsgehalt des Systems verändert haben. Aus diesem Grunde können wir die folgende Definition der potentiellen Energie als axiomatisch ansehen:

Der Terminus potentielle Energie beschreibt einen Prozeß, bei dem die aufgewendete Energie den Organisationszustand eines Systems dergestalt verändert, daß sich sein Informationsgehalt erhöht.

Sowohl der Ausdruck „gebundene Energie", mit dessen Hilfe die Entropie beschrieben wird, als auch der Ausdruck „potentielle Energie" sind Hilfsmittel der traditionellen Physik, um das scheinbare Verschwinden einer Energiemenge zu erklären. In beiden Fällen haben wir es mit der gegenseitigen Umwandlung von Energie und Information zu tun. Eine solche Umwandlung kann von Dauer oder vorübergehend sein. Ich werde kurz auf die quantitativen Beziehungen zwischen Arbeit und Information und die direkte, lineare Beziehung zwischen potentieller Energie und Information eingehen.

6.6 Die wechselseitige Umwandlung von Energie und Information

In diesem Jahrhundert hat die *traditionelle Physik* sich mit der Vorstellung abfinden müssen, daß sich Energie in Materie umwandeln läßt. So kann unter bestimmten Bedingungen ein energiereiches Photon in ein Elektron und ein Positron umgewandelt werden. Die Informationsphysik geht davon aus, daß sich Energie auch in Information umformen läßt. Dieser Vorgang findet unter Bedingungen statt, unter denen ein System entweder eine Entropieverminderung oder eine Zunahme an potentieller Energie erfährt.

Ein Beispiel dafür ist die „Bénard-Instabilität": Sie tritt unter bestimmten Umständen auf, wenn die untere Grenzfläche einer horizontalen Flüssigkeitsschicht erwärmt wird (wie bei Prigogine und Stengers 1985 erörtert). Ein vertikales Temperaturgefälle ruft eine dauernde Wärmeströmung hervor, die sich von unten nach oben bewegt. Wenn das Gefälle nicht zu groß ist, wird die Wärme durch die Leitfähigkeit allein übertragen. Doch wenn die Wärmezufuhr (langsam) erhöht wird, erreicht man einen Schwellenwert, oberhalb dessen die Konvektion für die Übertragung der Wärme von der unteren zur oberen Fläche an Bedeutung gewinnt. Bei der Bénard-Instabilität beruht dieser Vorgang möglicherweise auf einer hochorganisierten Molekülbewegung. Dazu Prigogine und Stengers [S. 151]: „Die Bénard-Instabilität ist eine spektakuläre Erscheinung ... Millionen und Abermillionen von Molekülen bewegen sich in kohärenter Weise und bilden sechseckige

Konvektionszellen von charakteristischer Größe." Statt bei weiterer Wärmezufuhr die Desorganisation zu verstärken, erzeugt die Bénard-Instabilität Strukturen, die an der Wärmeübertragung durch die Flüssigkeitsschicht mitwirken. Die Autoren messen diesem Umstand große Bedeutung zu [S. 152]: Es sei bekannt, „daß die klassische Thermodynamik den Wärmetransport als eine Quelle der Unordnung betrachtet. Hier wird er zu einer Quelle der Ordnung."

Hier haben wir es also wieder eindeutig mit einem Fall zu tun, wo Energiezufuhr die Organisation des Systems erhöht. Diese besondere Organisationsform bleibt nur solange erhalten, wie eine Wärmeströmung von hinreichender Stärke die horizontale Flüssigkeitsschicht durchquert. Sobald die Energie entzogen wird, bricht die Struktur zusammen – die Information verschwindet. (Die Wärmezufuhr darf natürlich auch nicht zu groß werden, denn dann kann die Flüssigkeit die Wärme nicht mehr rasch genug zur oberen, kühleren Fläche transportieren, und die Konvektionsströme sind immer heftigeren Turbulenzen unterworfen, wenn die Flüssigkeit zu kochen beginnt.)

6.7 Informationsmaschinen

Wenn ein Radiosender Wellen emittiert, die menschliche Information tragen, so haben wir es mit einem Beispiel für eine Informationsmaschine zu tun. Die Frequenz der Trägerwelle wie ihre Modulation machen sich das gleiche Prinzip zunutze – sie überlagern „Rohenergie" mit Informationsmustern. Bei einem Radiosender besteht die „Rohenergie" in der Aufnahme elektrischer Energie. Um Elektrizität zu bekommen, braucht man einen Generator, der beispielsweise aus einer Dampfturbine bestehen kann. Eine solche Dampfturbine beginnt mit reiner Energie in Form von Wärme, um Dampf zu erzeugen. Der Dammpf kann einen Kolben oder eine Turbine antreiben und auf diese Weise Wärmeenergie in mechanische Energie umformen. Diese treibt ihrerseits einen Generator an, der die mechanische in elektrische Energie verwandelt. Die elektrische Energie wird von dem Radiosender in elektromagnetische Strahlung umgeformt, die ihrerseits so moduliert wird, daß sie menschliche Nachrichten befördert. Bei jedem Schritt während ihrer Verarbeitung durch menschliche Informationsmaschinen nimmt die Energie eine höhere Organisationsform an. Wir beginnen mit Kohle, die Dampf erwärmt und enden mit einer menschlichen Stimme, die in einem Lautsprecher ertönt.

Offenbar können menschliche Informationsmaschinen verschiedene Energieformen mit Informationsmustern überlagern. doch sie sind auch in der Lage, zwei weitere Aufgaben ebenso gut zu erfüllen: Erstens wirken sie, wie allgemein bekannt ist, als Energiewandler, das heißt, sie führen eine Energieform in die andere über. Zweitens wandeln sie unter bestimmten Bedingungen Energie in Information um und umgekehrt.

Bleiben wir beim Beispiel des Radiosenders. Ein einziger Radiosprecher kann mit nur einem Mikrofon eine Million Haushalte erreichen. Die Information ist millionenfach vervielfältigt worden. (Dabei spielt es keine Rolle, ob der menschliche

Informationsgehalt in jedem Falle identisch ist – die physikalische Information ist millionenfach vervielfältigt worden.) Dieser gewaltige Zuwachs an physikalischer Informationsmenge muß irgendwoher gekommen sein.

Das Argument gilt in ähnlicher Weise für die Ausgabe anderer menschlicher Informationsmaschinen wie etwa Druckpressen oder Computer. Tatsächlich ist unsere menschliche Umwelt mit Geräten vollgestopft, die entweder Energie in Information umwandeln oder Information mit Hilfe von Energie aus einer Form in eine andere bringen (Informationswandler). Zu den Geräten, die Energie in Information umformen, gehören elektronische Prüfsender, Radios, Druckpressen, Verkehrsampeln, Computer, Uhren.

Nehmen wir eine elektrische Uhr. Sie wandelt mit Hilfe eines Elektromotors elektrische Energie in mechanische Energie um. Der Elektromotor treibt die Zeiger der Uhr an (oder bewegt Ziffern, wenn es sich um eine mechanische Digitaluhr handelt). Nach traditioneller Auffassung bestünde die Arbeitsleistung (Kraft × Entfernung) darin, daß der Motor die Zeiger bewegte. Ein Nebenprodukt wäre die Wärme, womit sich die Entropie des Universums erhöhen würde. Doch die Uhr liefert auch Information. Sie kann als Timer benutzt werden, um einen Videorekorder anzustellen, einen Mikrowellenherd abzuschalten oder Präszisionsmaschinen in einer Fabrik zu steuern. Unauffälliger ist der Umstand, daß hinreichend genaue Zeitmeßgeräte entscheidend für die Koordination einer modernen Gesellschaft sind. Die Uhr in einem Bahnhof bestimmt die Abfahrtszeit der Züge. So vermindert die Leistung einer Bahnhofsuhr die Entropie des Universums, weil sie ein Beförderungsnetz organisiert. Wenn es uns gelingt, diese Zusammenhänge zu quantifizieren, entdecken wir möglicherweise die genaue Beziehung zwischen der Arbeitleistung einer Uhr und ihrer Informationsleistung.

Der Computer ist das augenfälligste Beispiel einer menschlichen Informationsmaschine. Dieses Gerät ist speziell für die Aufgabe entwickelt worden, Information zu verarbeiten. Wenn er einen Buchstaben auf einer visuellen Ausgabeeinheit erzeugt, sind sich alle Räume gleich, die für die Erzeugung von Buchstaben verantwortlich sind – sie bestehen aus gleichen Gittern von Pixels (in der einfachsten Form gewöhnlich aus einem 5 × 8-Gitter), wobei das Pixel oder der Bildpunkt die grundlegende Informationseinheit ist. Welcher Buchstabe gezeigt wird, hängt vom Pixelmuster ab. Theoretisch enthalten Pixels, die „an" sind, und Pixels, die „aus" sind, das gleiche Maß an Information. Es gibt keinen Unterschied im Informationsgehalt der „0"- oder „1"-Stellung des binären Schalters. Was die Stellung des einzelnen Schalters bedeutet, wird durch das Muster der an/aus-Schaltungen oder Pixels festgelegt. Die Fähigkeit, Muster zu erzeugen, ist eine inhärente Eigenschaften von Informationsmaschinen.

Man könnte die Arbeit, die ein Computer verrichtet, ausschließlich anhand des in der Elektronenstrahlröhre erzeugten Elektronenstrahls und des vom Schirm emittierten Lichts untersuchen. Doch das wäre so, als wollte man die intellektuelle Leistung Einsteins anhand des Frühstücks, das er aß, dingfest machen. Einstein wie der Computer haben einen Teil ihrer Energieaufnahme in Informationsausgaben umgeformt.

Nicht nur Computer, sondern alle Maschinen enthalten Information. Spinnräder und mechanische Webstühle besitzen in Gestalt der in ihnen angesammelten Erfahrung und Erfindungskraft eine ganze Geschichte von Informationseingaben. Die im Spinnrad enthaltene Information trägt in Verbindung mit Zufuhr von Materie und Energie in Form von geschorener Wolle und einem menschlichen Spinner zur weiteren Organisation der Materie bei: Sie erzeugt Muster, das heißt, sie wandelt die geschorene Wolle in einen gesponnenen Faden um. Entsprechend verwandelt ein mechanischer Webstuhl Faden in Tuch. Für den Rohstoff (geschorene Wolle, Faden) sind *Maschinen* (Spinnräder, Webstühle) *Teil einer geordneten Umgebung, die weitere Ordnung stiften kann.* Maschinen enthalten also nicht nur Information, sondern ein Teil der von ihnen verrichteten Arbeit erzeugt auch neue Information.

Alle Maschinen enthalten gespeicherte Information. Im allgemeinen tragen Maschinen zur weiteren Ordnung des Universums bei. Dies gilt für nicht-menschliche Mechanismen ebenso wie für menschliche Erfindungen. Der Stoffwechselmechanismus einer einzelnen Zelle hat nach erfolgreichem Abschluß seiner verschiedenen Prozesse eine neue Zelle produziert. Die Enzyme und Membranen dieser Zelle haben die chemischen Reaktionen als Katalysatoren gefördert, indem sie eine geordnete Umgebung zur Verfügung gestellt haben, in der diese Reaktionen stattfinden konnten. Hätte es diese informationsreiche Umgebung nicht gegeben, hätten einige dieser Reaktionen bis zu hundert Jahren gedauert. Die Zelle wäre vorher schon längst tot gewesen.

Lebende Systeme, zu denen auch das menschliche Gehirn gehört, besitzen die höchstentwickelten Informationsmechanismen, die wir kennen. Doch auch anorganische Systeme, etwa eine Kristallmatrize, die das Wachstum dieses Kristalls fördert, läßt sich als Informationsmaschine verstehen. Die Theorie der zellulären Automaten auf dem Gebiet der künstlichen Intelligenz hat gelegentlich (z.B. Poundstone 1985, S. 231) zu der These geführt, das gesamte Universum sei als „rekursiv definiertes geometrisches Objekt" anzusehen. Dieses Konzept läßt sich leicht zu der Hypothese ausbauen, das ganze Universum sei eine gigantische Informationsmaschine, die Materie, Energie und Information verarbeite.

6.8 Strukturelle und kinetische Information

Untersucht man die Arbeit, die von einer Dampfmaschine verrichtet wird, so muß man deutlich unterscheiden zwischen der inhärenten Information, die ein Teil der Maschine ist, und der Information, die der Maschine *eingegeben* wird. Die erste Informationsform verdankt ihre Existenz Menschen wie Boyle, Newcomen, Watt und all den anderen Wissenschaftlern, Technikern und Handwerkern, die die Information für die Entwicklung einer so erfolgreichen Maschine geliefert haben. Die zweite Art, die *eingegebene Information*, erzeugt eine Nichtgleichgewichtssituation und verknüpft sie mit einer Ausgleichskraft, so daß Arbeit erzeugt wird. Die inhärente Information ist die Information, die in organisierten Strukturen enthalten ist, und kann deshalb als *strukturelle Information* bezeichnet werden. Die andere, die eingegebene Information ist eine aktive Information, die man als *kinetische Information* ansehen kann.

Wenn wir uns einen hypothetischen Dämon (Maxwellschen Dämon) vorstellen, der in einer Gaskammer die rascheren von den langsameren Molekülen trennt, so würde dieser Dämon selbst „strukturelle" Information besitzen. Das Produkt der Arbeit dieses Dämons – die Trennung der beiden Molekülarten – würde in eine Ungleichgewichtssituation münden. Diese Situation würde man in der traditionellen Physik als „potentielle Energie" bezeichnen. In der Informationsphysik würde man sie in die Kategorie „kinetische Information" aufnehmen.

Der Ausdruck „potentielle Energie" bezeichnet in Wahrheit zwei Klassen von Informationen: die strukturellen und die kinetischen. Wenn die Reorganisation des Universums in einer „stabilen" Gleichgewichtssituation endet – ein Bleistift der auf den Schreibtisch, ein Ball, der in eine Schüssel auf den Tisch gelegt wird -, so ist die Energie des Arbeitsprozesses in *strukturelle* Information umgewandelt worden. Wenn die Reorganisation dagegen einen „instabilen" Zustand herstellt, der sich ganz und gar nicht im Gleichgewicht befindet, so haben wir es mit *kinetischer Information* zu tun. Ein in die Luft geworfener Ball auf seinem Scheitelpunkt, ein aufprallender Ball verformt am Boden, der komprimierte Dampf in einer laufenden Dampfmaschine – das alles sind Beispiele für kinetische Information – Information, die im Begriff ist, in Energie zurückverwandelt zu werden.

Entropie wird gelegentlich als eine Form „gebundener Energie" verstanden, die nicht genutzt werden kann, um Arbeit zu verrichten (vgl. z.B. Schafroth 1960). Um Arbeit zu verrichten, muß ein Teil der zugeführten Energie die Form kinetischer Information besitzen oder in sie umgewandelt werden. Solche Information repräsentiert die thermodynamische Unwahrscheinlichkeit der Ungleichgewichtssituation, die alle Energiewandler hervorrufen müssen, um Nutzarbeit zu verrichten (vgl. Kap. 7). Der Bruchteil der Energie, der in kinetische Information umgeformt wird, geht verloren, wenn die Information während des Arbeitsprozesses zu Wärme entwertet wird, denn sie ist die gebundene (nicht-verfügbare) Energie, die für den beobachteten Entropiezuwachs verantwortlich ist.

In einem Arbeit produzierenden Prozeß zeigt sich folglich in der *verbrauchten* kinetischen Information der Unterschied zwischen der Entropie des Zustandes am Anfang des Arbeitsprozesses, wenn das maximale Ungleichgewicht (S_1) vorliegt, und der Entropie des Systems am Ende des Arbeitsprozesses, wo ein Gleichgewicht erreicht ist (S_2).

Die kinetische Information, die durch einen Energiewandler *zugeführt* wird, drückt sich in dem Unterschied der Entropie aus, die das System ursprünglich (S_0) und nach Erreichen der Ungleichgewichtssituation (S_1) enthält.

Die Annahme liegt nahe, daß die Fähigkeit eines Ernergiewandlers, *kinetische* Energie zuzuführen, von seiner *strukturellen* Information abhängt. Ein organisiertes System ist in der Lage, Arbeit bei der Temperatur T zu verrichten, das unorganisierte System hingegen nicht. Ich werde im nächsten Kapitel als Beispiel das photosynthetische System untersuchen, das sich in manchen Pflanzenzellen findet und fähig ist, bei 25 °C Wasser zu dissoziieren und Elektronen von den Wasserstoffatomen zu übernehmen. In einem einfacheren (informationsärmeren) physikalischen

System wäre ein solcher Prozeß auf Temperaturen über 1 000 °C angewiesen. Intuitiv möchte man also meinen, daß sich die Fähigkeit eines Energiewandlers, eine große Menge kinetischer Information zu erzeugen, nach seinem Gehalt an struktureller Information richten müßte. Eine Hochdruck-Dampfmaschine enthielte demnach mehr strukturelle Information als eine Niederdruckmaschine.

Betrachten wir jedoch zwei Dampfmaschinen von gleicher Machart. In ihrer Arbeitsleistung unterscheiden sie sich nicht, doch die eine findet Anwendung auf einem Rummelplatz und ist deshalb aufwendig geschmückt und bemalt worden. Sie besitzt deshalb mehr strukturelle Information, ohne leistungsfähiger zu sein.

Ein weniger triviales Beispiel liefern uns die Isoenzyme – Enzyme, die gleiche biochemische Funktionen wahrnehmen, sich aber hinsichtlich ihrer Strukturen unterscheiden. Eine Gruppe solcher Enzyme, die nachweislich aus Dutzenden von Isoenzymen besteht, sind die Peroxidasen. Diese Proteinkatalysatoren steuern zahlreiche Reaktionen, die mit der Oxidation oder Reduktion einer großen Vielzahl von Verbindungen zu tun haben. Einige dieser Reaktionen sind hochspezifisch: Die aktiven Zentren der verschiedenen Isoenzyme sind identisch. Doch andere Teile des Proteins können höchst verschiedene Formen besitzen. Zum Teil liegt diese Variabilität daran, daß die anderen Teile des Proteinmoleküls die Aufgabe haben, die Enzyme an eine bestimmte Zellstruktur anzulagern, eine Zellwand oder ein Membransystem zum Beispiel, oder aber für die Löslichkeit des Enzyms zu sorgen.

Neben dem strukturellen Bereich des Proteins, der ihm seinen Platz innerhalb der Zelle zuweist, gibt es andere strukturelle Informationen, die im Dienste der Selbsterhaltung stehen. Das heißt, das Molekül muß stabil sein und dafür sorgen, daß es in einer komplexen (machmal auch feindseligen) Umgebung unversehrt bleibt. Nehmen wir beispielsweise die Disulphidbrücken in Polypeptidketten, die entscheidend für die Bestimmung der Tertiärstruktur eines Proteins sind (vgl. Kap. 4) – zumindest einige von ihnen dürften die Aufgabe haben, die Form des Moleküls zu erhalten.

Offenbar steht nicht alle strukturelle Information, die in einem Enzym enthalten ist, in direkter Beziehung zu seiner katalytischen Funktion.

Teilweise hat die strukturelle Information einer Dampfmaschine mit ihrem Standort zu tun. Befindet sie sich auf Rädern, weil sie als Lokomotive dient? Ist sie im Rumpf eines Frachtschiffes untergebracht? Oder steht sie in einer Fabrikhalle? Ähnlich ist auch ein Teil ihrer strukturellen Information dazu bestimmt, sie vor den Unbilden der Außenwelt zu schützen. Wenn man die strukturelle Information von Energiewandlern untersucht, muß man folglich unterscheiden zwischen struktureller Information, die unmittelbar relevant für die Produktion kinetischer Information ist, und struktureller Information, bei der das nicht der Fall ist. Bei einem Enzym ist offensichtlich das aktive Zentrum (wo die Elektronenstrukturen der Reaktionsteilnehmer reorganisiert werden) in dieser Weise relevant, während es der Teil, der das Enzym der Zellmembran anlagert, wahrscheinlich nicht ist. Entsprechend sind Zylinder und Kolben relevant für die Dampfmaschine, nicht aber die Bolzen, mit denen sie am Fußboden der Fabrikhalle befestigt ist.

Leider ist die Angelegenheit etwas komplizierter. Würde die Dampfmaschine nicht auf dem Boden fixiert, würde sie umherwandern und die Welle verbiegen oder möglicherweise sogar in die Luft fliegen. Entsprechend kann die genaue Position eines Enzyms in einer Zelle für seine Funktion von entscheidender Bedeutung sein, weil es häufig mit benachbarten Enzymen zusammenwirkt. Die klare Definition der Beziehung zwischen der strukturellen Information, die in einem Energiewandler enthalten ist, und der kinetischen Information, die ein solches Gerät liefert, ist eines der wichtigsten Probleme, vor denen die Informationsphysik steht. Jede solche Analyse muß mindestens zwei Organisationsebenen erfassen: (1) die *individuelle* Reaktion oder Prozeßebene, wo die kinetische Information zu untersuchen ist, die erzeugt wird, um eine einzelne chemische Reaktion zu fördern, oder wo die Leistung einer einzelnen Dampfmaschine zu bewerten ist, und (2) die *Systemebene*, auf der das einzelne Enzym in seinem Zusammenwirken mit einer Reihe anderer Enzyme oder den Stoffwechselmechanismen der Zelle beurteilt wird, wo eine Drehbank nicht isoliert betrachtet wird, sondern als ein Glied in der Kette all der Maschinen, die ein Fließband zusammensetzen.

6.9 Transformationen zwischen kinetischer und struktureller Information

Auch kinetische und strukturelle Information müssen ineinander umformbar sein. Die kinetische Information kann nur solange kinetisch bleiben, wie sich das System in einem Ungleichgewichtszustand befindet. Sobald das System ins Gleichgewicht kommt, das heißt, statisch wird, ist die kinetische Information verschwunden: Entweder ist sie zu Wärme abgewertet worden, nachdem sie zunächst in kinetische Energie zurückverwandelt worden ist, oder aber die Verrichtung der Arbeit hat eine Reorganisation des Universums bewirkt, so daß neue strukturelle Information entstanden ist.

Der in die Luft geschleuderte Ball enthielt kinetische Information, bis er zum Erdboden zurückgekehrt war. Nehmen wir an, der Ball wäre in einer geostationären Umlaufbahn oder auch nur in der Dachrinne eines nahegelegenen Hauses gelandet. Dort bliebe er eingekeilt, bis er durch eine andere Kraft verlagert würde. Der Ball in der Dachrinne befände sich in einer stabilen Gleichgewichtssituation. Zwar wäre er für Menschen nicht so nützlich, wie die Wände und das Dach des Hauses, aber er wäre ebenso stabil und ebenso ein Teil der Struktur wie die Ziegelsteine, die zu den Wänden aufeinandergeschichtet sind, oder die Ziegel, die das Dach bedecken. Die kinetische Information des Balles ist also in strukturelle Information umgewandelt worden. Was für den Ball gilt, der vom Boden auf eine höhere Ebene bewegt worden ist, läßt sich genauso auf andere Systeme übertragen, etwa auf den Wechsel eines Elektrons in eine äußere Hülle des Atoms nach Absorption eines Photons. Tatsächlich sind die vorstehenden Aussagen unzutreffend. Genau genommen, hat sich der Informationsgehalt weder des Balles selbst noch des Elektrons verändert. Verändert hat sich vielmehr der Informationsgehalt der *Systeme*, die die in Bewegung befindlichen Körper enthalten: Wenn ein Elektron in eine äußere Hülle verlagert wird, so bedeutet das nicht, daß das Elektron selbst eine Veränderung seines

Informationszustands erfahren hat. Wohl aber ist dies dem Atom zugestoßen. Es befindet sich jetzt in einem thermodynamisch unwahrscheinlicheren Zustand – das Atom, nicht das Elektron hat an Information gewonnen.

Es gibt noch ein weiteres Problem: Spielt es für den Gehalt des Systems an struktureller Information eine Rolle, ob der auf dem Dach befindliche Ball in eine Spalte eingeklemmt ist oder auf einer Kante balanciert? Intuitiv neigt man zu der Annahme, das System besitze im ersteren Zustand mehr Information.

Doch die Intuition trügt. Beide Systeme enthalten die gleiche Informationsmenge (vorausgesetzt, es hat des gleichen Arbeitsbetrages bedurft, die Bälle in ihre jeweilige Stellung auf dem Dach zu bringen). Allerdings läuft das System, in dem der Ball auf der Dachkante balanciert, weit größere Gefahr, die Information zu verlieren.

Eine solche Situation ließe sich quantifizieren, indem man die „Aktivierungsenergie" messen würde, d.h. den Arbeitsbetrag, der erforderlich ist, um den Ball dergestalt zu verlagern, daß die strukturelle Information des Systems abermals in kinetische Information umgeformt wird (der Ball, der fällt). Sobald der Ball verlagert ist und seinen Fall beginnt, wird die kinetische Information in kinetische Energie verwandelt.

Das System Ball-auf-dem-Dach mag ein triviales Beispiel sein. Es verdeutlicht aber ein grundlegendes Prinzip: *Je größer die Aktivierungsenergie, die erforderlich ist, um die im System enthaltene strukturelle Information zu zerstören, desto größer seine Aussichten zu überleben.* Die negative Entropie, die durch biologische Systeme repräsentiert wird, ist das Produkt von Kräften, die immer überlebensfähigere Informationssysteme selektieren. Häufig wird neue Information allein deshalb zugeführt, weil vorhandene Informationsstrukturen stabilisiert und erhalten werden sollen. Das gilt nicht nur für biologische Systeme, sondern auch für gesellschaftliche, technische und sprachliche.

An der Akkumulation von Information zur Herstellung immer unwahrscheinlicherer Strukturen und Systeme, das heißt an der Vermehrung negativer Entropie, ist *Informationsarbeit* beteiligt. *Informationsarbeit ist mit einer Arbeit verbunden, bei der ein Teil der zugeführten Energie einen Informationszuwachs bewirkt.*

Literatur

W. Poundstone (1985), *The recursive Universe*, Contemporary Books, Chicago

I. Prigogine und I. Stengers (1985), *Order Out of Chaos*, London, Flamingo/Fontana Paperbacks

M. R. Schafroth (1960), The concept of temperature, *Selected Lectures in Modern Physics*, London, Macmillan

G. Szamosi (1986a), The origins of time, *The Sciences*, New York, Acad. Sci., Sept./Okt., 1986, S. 33–39

G. Szamosi (1986b), *The Twin Dimensions – Inventing Time and Space*, New York, McGraw-Hill

G. J. Whitrow (1975), *The Nature of Time*, Harmondsworth, Penguin Books

7. Information und Arbeit

7.1 Einleitung

„Arbeit" ist eine Übergangserscheinung – sie ist ein Prozeß. Arbeit kann als solche nicht gespeichert werden. Wohl aber läßt sich das *Produkt* der Arbeit als Veränderung im Energiegehalt des Systems speichern, auf das eingewirkt wird. Außerdem könnte das Produkt der Arbeit, folgt man den oben dargelegten Argumenten, auch als eine Veränderung in der *Organisation* gespeichert werden: Wenn ich (wie im Kapitel zuvor erörtert) einen Bleistift vom Boden aufhebe und ihn wieder auf den Schreibtisch lege, von dem er heruntergefallen ist, so vollziehe ich einen Akt mechanischer Arbeit. Mag der Arbeitsakt auch ein Übergangsphänomen sein, die neue Lage des Bleistift ist es nicht. Der Bleistift wird in seiner Position bleiben, solange keine andere Kraft auf ihn einwirkt – das heißt, bis noch mehr Arbeit aufgewendet wird – und dadurch seine *Position* abermals verändert.

Als ich den Bleistift aufhob und auf den Schreibtisch legte, habe ich also die Organisation des Universums verändert (wenn auch nur eines kleinen Teils von ihm). Das Aufheben des Bleistifts verdeutlicht das Axiom:

Die Verrichtung mechanischer Arbeit bewirkt eine Veränderung in der Organisation des Universums.

Da nun eine Organisationsveränderung eine Informationsveränderung zum Ausdruck bringt, ergibt sich der Satz:

Die Verrichtung mechanischer Arbeit bewirkt eine Veränderung im Informationsgehalt des Systems, auf das eingewirkt wird.

Wenn ich hier die „mechanische Arbeit" so betone, dann liegt es daran, daß in der klassischen Physik der Begriff der Arbeit viel allgemeiner verwendet wird und beispielsweise die Zufuhr nichtspezifischer Wärme einschließen kann, die ein Gas veranlaßt, sich auszudehnen. Mithin kann die „Arbeit" im klassischen Sinne, die auf ein System einwirkt, entweder eine Veränderung im Informationsgehalt oder im Energieinhalt des Systems oder beides bewirken. Die nichtspezifische Arbeit, die auf ein System einwirkt, ist nicht automatisch ein Maß für den Informationsbetrag, der dem System zugeführt wird. Andererseits ist, wie ich später darlegen werde, im Falle einer hochorganisierten Arbeitsform, der elektrischen Arbeit, der Informationszuwachs des Systems der Arbeitsaufnahme direkt proportional.

7.2 Die Beziehung zwischen Arbeit und Information

Es besteht eine doppelte Beziehung zwischen Arbeit und Information. Erstens gibt es die oben geschilderte Beziehung: Die verrichtete Arbeit kann eine Veränderung im Informationsgehalt des betroffenen Systems bewirken. Die zweite Beziehung ist die Umkehrung der ersten: Um „Nutzarbeit" zu erhalten, muß das System nicht nur mit Energie, sondern auch mit Information versorgt werden.

Wenn wir den allgemeinen Ausdruck „Arbeit" betrachten, so ist die Richtung, in der sich die Körper bewegen, zufällig. Das gilt für die Moleküle in einem Gas, das erwärmt wird – die Moleküle bewegen sich schneller, aber zufällig. Im Gegensatz dazu muß man dem System, wenn man Nutzarbeit erhalten will, weitere Information zuführen: In einer Dampfmaschine bewegen sich die beschleunigten Moleküle des Dampfes zwar zufällig, wenn sie von den festen Wänden des Dampfzylinders abprallen, drücken den Kopf des Kolbens aber nur in eine einzige Richtung. Dergestalt wird die Energie, die dem Zylinder einer Dampfmaschine zugeführt wird, nicht nur in Arbeit umgewandelt, weil der Kolben mit einem bestimmten Kraftaufwand in eine bestimmte Richtung gedrückt wird, sondern die zugeführte Energie drückt den Kolben auch in eine *Richtung*, die der Konstrukteur in seinen Plänen (Informationseingabe) festgelegt hat. In einer Dampfmaschine können wir *Nutz*arbeit produzieren, weil wir die zugeführte Wärmeenergie in physikalische Kraft und Information umwandeln.

„Nützliche Arbeit" ist Arbeit, die die Organisation eines Systems erhöht. Nutzlose Arbeit dagegen erhöht nur die Entropie. Nutzarbeit schließt folglich die Umwandlung von Energie in Information ein.

Wie oben erläutert stellt Wärme eine Energieform dar, die nicht organisiert ist. Alle anderen Energieformen enthalten ein gewisses Maß an Information und können deshalb zumindest teilweise als organisierte Energie betrachtet werden.

Folglich kann Energiezufuhr in einem System theoretisch eine von vier möglichen Veränderungen hervorrufen:

1. Die Energie wird nur als nicht-spezifische Wärme absorbiert, wodurch sich die Entropie erhöht.
2. Die Energiezufuhr veranlaßt das System, eine höhere Organisationsform anzunehmen (wenn beispielsweise ein Photon absorbiert wird, wird ein Elektron auf eine äußere Hülle verlagert, wodurch das Atom veranlaßt wird, einen thermodynamisch unwahrscheinlicheren Zustand anzunehmen).
3. Das System verrichtet physikalische (das heißt, mechanische) Arbeit.
4. Das System verrichtet Informationsarbeit (z. B. indem es ein organisches Polymer herstellt).

Alle vier Veränderungen können in beliebiger Kombination auftreten. Alle wirken sie sich in irgendeiner Weise auf die Organisation des Systems und damit auch auf seinen Informationsgehalt aus. Im ersten Falle gewinnt das System an Energie, verliert aber im Laufe des Prozesses an Organisiertheit – insgesamt ein Informationsverlust. Im vierten Falle kann das Umgekehrte geschehen, wenn an der Entstehung des Polymers eine exotherme Reaktion beteiligt ist.

So können die Veränderungen im Energie- oder Informationsgehalt, die durch die Zufuhr (oder den Entzug) von Energie im System hervorgerufen werden, unabhängigen Schwankungen unterworfen sein. Betrachten wir die folgenden Fälle:

1. Wenn eine Flüssigkeit verdampft oder wenn Eis schmilzt, nimmt der Energieinhalt zu, während sich die Organisation vermindert.
2. Bei einer exothermen chemischen Reaktion, in der ein Polymer entsteht, nimmt der Energieinhalt ab, während die Organisation anwächst.
3. Bei einer photosynthetischen Alge, die sich verdoppelt, nimmt innerhalb des Systems sowohl die Energie als auch die Information zu.

Halten wir fest, daß sich bei Energiezufuhr (in Form reiner Wärme, chemischer Energie oder Licht) nicht *sowohl* der Energie- *als auch* der Informationsgehalt vermindern können. Wenn entweder die Information oder die Energie konstant bleibt, dann wird eine Energiezufuhr vermutlich den anderen Faktor dazu bringen, seinen Wert zu steigern. Gibt das System hingegen Energie ab, dann muß entsprechend der eine oder der andere Faktor kleiner werden – aber nicht unbedingt beide. Wenn beispielsweise Wasser gefriert (wenn das System Wärme abgibt), nehmen die Wassermoleküle einen höheren Organisationsgrad an: Obwohl der Energieinhalt des Systems zurückgeht, wächst sein Informationsgehalt an. Wenn sich dagegen Zucker in Wasser auflöst, wobei er Wärme an seine Umgebung abgibt, kommt es gleichzeitig auch zu einem Verlust an Information.

So können die Veränderungen im Informations- und Energiegehalt eines Systems unabhängig voneinander schwanken. Entscheidend für die Art der Veränderungen, die im betroffenen System auftreten, ist die *Natur* der Energie, die zugeführt oder entzogen wird.

7.3 Energiewandler

Um Arbeit zu erhalten, muß man Energie aufwenden. Um Nutzarbeit zu erhalten, muß man nicht nur Energie aufwenden, sondern auch Information eingeben. Soll also Nutzarbeit hervorgebracht werden, muß die zugeführte Energie entweder selbst Information enthalten oder auf ein organisiertes Objekt beziehungsweise Gerät einwirken, das dann als „Energiewandler" fungiert (oder beides). Ein solches Gerät kann ein ziemlich „einfacher" und inerter Körper sein, etwa ein Einbaum mit einem Segel, der vom Wind vorwärtsgetrieben wird (obwohl beide, Einbaum wie Segel, hochorganisierte Strukturen sind, die ein außerordentliches Maß an Information enthalten). Es kann aber nach heutigen Maßstäben auch extrem komplex sein, zum Beispiel ein Kernreaktor, der Hochdruckdampf erzeugt. In allen Fällen besitzen die Energiewandler Organisation – gleichgültig, ob es sich um ein einzelnes Atom handelt, ein Photoelement, ein Proteinmolekül, eine Membran, eine Zelle, eine Batterie, eine Dampfmaschine, einen Kernreaktor oder was auch immer. Sie alle zeigen Organisation. Sie alle besitzen strukturelle Information, ohne die sie nicht als Energiewandler wirken könnten.

Als Energiewandler bezeichne ich hier jedes System, daß eine Energiezufuhr in Nutzarbeit umformt. Ein schwarzer Körper, der Licht absorbiert, dadurch erwärmt wird und dann die Energie (auf niedrigerem Niveau) wieder abstrahlt, ist nicht unbedingt ein Wandler. Ein solcher schwarzer Körper verrichtet keine Nutzarbeit sondern bringt die Energie nur aus einer Form in die andere und erhöht dabei die Entropie des Universums.

Energiewandler schaffen zwei Bedingungen, die für die Produktion von Nutzarbeit erforderlich sind: (1) sie rufen eine Nichtgleichgewichtssituation hervor, und (2) sie liefern einen Ausgleichs-Mechanismus, der für die Produktion von Nutzarbeit notwendig ist.

Drei Beispiele sollen genügen:

A. Im Zylinder einer Dampfmaschine wird hervorgerufen:
   1. eine hochasymmetrische Verteilung von Molekülen mit den extrem energiereichen Molekülen des Dampfes am einen Ende und den relativ energiearmen am anderen.
   2. Zwischen diesen beiden Molekülarten befindet sich ein Kolben, der ein Rad, eine Pumpe oder irgendein anderes mechanisches Gerät antreibt.
B. Ein Photoelement:
   1. enthält Atome oder Moleküle, die Photonen absorbieren. Die absorbierte Energie hebt Elektronen auf ein höheres Energieniveau und schafft dadurch instabile Konfigurationen.
   2. Diese Instabilitäten nutzt man, indem man Elektronen in einem elektrischen Stromkreis einfängt, der Arbeit verrichten kann.
C. Eine lebende Zelle kann ein Enzym enthalten, das
   1. den Atomen oder Molekülen des Reaktionsteilnehmers Elektronen entzieht oder zuführt und es dadurch destabilisiert.
   2. Mit Hilfe dieser Instabilität wird der Reaktionsteilnehmer mit anderen Reaktionsteilnehmern oder mit sich selbst verknüpft, so daß ein Polymer oder irgendein anderes nützliches Produkt entsteht.

Ein Enzym, das als Katalysator in einem chemischen System wirkt, beschleunigt hauptsächlich die Reaktion zum Gleichgewicht hin. Ohne zusätzliche Organisation (Information) würde dieser Vorgang nur die Entropie vermehren – er wäre reine Vergeudung der im Katalysator enthaltenen Information, eine große Ineffizienz. Deshalb sorgen lebende Systeme dafür, daß die durch das Enzym aktivierte Reaktion ein nützliches Produkt erzeugt – und damit Nutzarbeit verrichtet.

In allen drei Beispielen wird im ersten Schritt eine Nichtgleichgewichtsbedingung geschaffen, während der zweite dies Ungleichgewicht mit einem Mechanismus verbindet, der Nutzarbeit produziert. Der erste Schritt organisiert die Nichtgleichgewichtsbedinungung, indem er Information zuführt. Sie wird zur kinetischen Information, die sich als Entropierückgang manifestiert: Aus dem Gleichgewichtszustand S_0 wird ein Ungleichgewichtszustand mit der geringeren Entropie S_1. Im Beispiel A bedeutet dies eine Nichtgleichgewichtsverteilung der Moleküle, in den Beispielen B und C drückt es sich in der Nichtgleichgewichtsverteilung von Elektronen in Atomen oder Molekülen aus.

Nachdem solche Energiewandler durch Organisation von Nichtgleichgewichtssystemen eine Entropieverminderung hervorgerufen haben, sind sie in der Regel bestrebt, den Entropiezuwachs so weit wie möglich einzuschränken, indem sie das Ungleichgewicht mit anderen informationshaltigen Systemen verbinden. Ein bekanntes Beispiel ist die Standuhr, die nur einmal in der Woche aufgezogen werden muß: Die mechanische Energie, die in der aufgezogenen Feder enthalten ist, wird nicht auf einmal freigesetzt, sondern in sehr kleinen Schritten, deren jeder Arbeit verrichtet, indem er die Zeiger der Uhr ein winziges Stück weiterbewegt.

Noch spektakulärer ist die Leistung der Stoffwechselsysteme lebender Zellen. Reaktionsketten sorgen dafür, daß energiereiche Elektronen sich durch eine ganze Reihe organischer Moleküle bewegen und dabei ein Höchstmaß an chemischer Arbeit verrichten, bevor sie in zahlreichen kleinen Schritten in den niedrigen Energiezustand zurückkehren, den sie im Sauerstoff einnehmen – dem wichtigsten Elektronenakzeptor auf unserem Planeten Erde. Diese Systeme enthalten die Information, die in einem Jahrmilliarden dauernden Evolutionsprozeß langsam angehäuft wurde. Dieser Prozeß begünstigte, was sich als wirksam erwies, und sonderte aus, was weniger wirksam war. Obwohl also die von der Sonne absorbierte Energie letztlich zu minderwertiger Wärme wird, stellt die Zelle im Verlauf dieses Prozesses eine neue Zelle her – verwandelt die Energie also in Information. Mit Hilfe der Sonnenenergie wurde folglich relativ wenig organisierte, inerte Materie in ein hochorganisiertes lebendes System verwandelt.

In einem physikalischen System wie einer Dampfmaschine wird die in einem erwärmten Gas enthaltene Energie erst in Arbeit umgewandelt, wenn sie sich in einem technischen Apparat befindet, der in einer langen Geschichte der Erfindung und Information entwickelt wurde. Mit Hilfe eines solchen informationsreichen Apparates läßt sich ein außerordentlich unwahrscheinliches Ereignis herbeiführen: Die Dampfmaschine kann die Moleküle dergestalt trennen, daß sich ein Behälter mit energiereichen Molekülen (in Gestalt von Dampf) neben einem Behälter mit energieärmeren Molekülen bildet, wobei ein Kolben die beiden Behälter voneinander trennt. Diese Sortierung der Moleküle in zwei Taschen ist die Informationseingabe I_i, die für die Verrichtung von Arbeit genutzt wird und sich als Entropiezuwachs äußert.

Mithin entspricht dem Informationsverlust ΔI der Entropiezuwachs ΔS. Der Rückgang von I entspricht dem Informationsverlust der „informationsreichen" Energie, die zugeführt wurde. Er bedeutet jedoch keinen Verlust an der strukturellen Information, die im Energiewandler selbst enthalten ist. Dieser ist an dem Vorgang lediglich als *Katalysator* beteiligt. In einer Dampfmaschine können sich zwar die Temperatur T, der Druck P oder das Gasvolumen V des Systems ändern, nicht aber die strukturelle oder inhärente Information des Systems (von geringfügigen Verschleißerscheinungen abgesehen). Ein Photoelement erleidet keinen Verschleiß, wenn es Lichtenergie in elektrische Energie umwandelt. Das gleiche gilt für einen idealen chemischen Katalysator. Eine Dampfmaschine mag zwar nach vielen Jahren dem Verschleiß erliegen, doch während eines einzigen Kreisprozesses, in dessen Verlauf große Veränderungen bei T, P oder V auftreten können, zeigen sich praktisch keinerlei Veränderungen in der Organisation der Maschine.

7.4 Arbeit in biologischen Systemen

Die Physiker wissen seit langem, daß funktionsfähige lebende Systeme Arbeit produzieren. Alle lebenden Systeme sind im Vergleich zur toten Materie, aus der der Rest des Universums besteht, außerordentlich komplex. „Komplex" heißt, daß das System sehr organisiert ist, mehrphasisch ist und ein hohes Maß an Information enthält. Selbst ein so „einfaches" System wie ein Plasmid – nichts als ein nackter Strang Nukleinsäure – ist eine hochorganisierte Struktur, die eine Form sozusagen „konzentrierter" biologischer Information enthält.

Hochentwickelte Informationssysteme, wie zum Beispiel lebende Zellen, liefern die Information, die erforderlich ist, um unter Bedingungen, unter denen physikalische Systeme nicht arbeiten würden, weil es diesen an vergleichbaren Organsiationsniveaus mangelt, Energiezufuhr in Nutzarbeit umwandeln. Beispielsweise gehört der photosynthetische Apparat einer Pflanzenzelle zu einem System, das bei 25 °C Wasser dissoziieren und Elektronen von Wasserstoffatomen übernehmen kann. Im Gegensatz dazu muß in einem nichtorganisierten System Wasser auf mehr als 1 000 °C erwärmt werden, bevor die Wassermoleküle unter dem Einfluß der heftigen Stöße zerstört werden und ein Plasma aus Ionen und Elektronen entsteht. Bei der pflanzlichen Photolyse gibt es folglich eine Informationeingabe, die einen Temperaturunterschied von ungefähr 1 000 °C überbrückt.

Dieses Kunststück vermögen photosynthetische Systeme deshalb zu vollbringen, weil sie über eine höchst sinnreiche Anordnung von Molekülen (Chlorophyll) verfügen, die Licht absorbieren können. Die durch diesen Vorgang angeregten Elektronen bewegen sich durch eine Reihe von Elektronenakzeptoren (Phäophytin, Quinonen usw.), die dergestalt in eine Membran eingebettet sind, daß sich die Elektronen an der Außenfläche der Mebran befinden, während die positiven Ladungen im Inneren liegen (vgl. den Überblick von Youvan und Marrs 1987). Die verrichtete Arbeit, die Ladungen zu beiden Seiten einer Membran anhäuft, erzeugt die potentielle Energie für alle weiteren Stoffwechselreaktionen, auf denen die Organisation und Reproduktion lebender Materie beruht. Sie ist auch der erste von vielen Schritten, die den Informationsgehalt biologischer Systeme steigern.

Im übrigen kann dank all der Zellmechanismen, für die die Membranen und Enzymmoleküle verantwortlich sind, die Aktivierungsenergie gesenkt werden, die für die vielen Stoffwechselreaktionen (einschließlich der H^+ und OH^--Ionen) erforderlich ist. Die Information (d.h. die Organisation), die solche Moleküle enthalten, bestimmt ihre Fähigkeit, Nutzarbeit zu verrichten, das heißt Arbeit, die zu einer weiteren Organisation des Universums beiträgt.

Intuitiv setzen wir voraus, daß sich Lebewesen von anorganischer Materie grundlegend unterscheiden. Was wir, wenn auch nur unbewußt, wahrnehmen, sind die Unterschiede in Struktur und Funktion. Die *Struktur* des Lebens ist im Vergleich zu anorganischer Materie sehr viel komplexer – sie ist erheblich vielseitiger in ihrer Organisation. Die *Funktion* lebender Materie scheint mit ihrer Fähigkeit zu tun zu haben, die Organisation unseres Universums zu erhöhen. Eine Zelle verdaut tote Materie und gewinnt daraus die Möglichkeit, eine neue Zelle zu erschaffen. Eine Eiche sät ihre Eicheln aus und verwandelt dadurch Erde in Wald. Eine Kuh frißt Gras und wirft ein Kalb. Das ist wahrhaft ein Wunder. Der Zweite Hauptsatz der Thermodynamik mag allgegenwärtig sein; doch immer wenn die Entropie als *Nebeneffekt* von Stoffwechselreaktionen ansteigt, wird dieser Effekt mehr als aufgewogen durch die Zufuhr eines erheblichen Teiles jener „freien Energie", die aus diesen Stoffwechselreaktionen resultiert, so daß alles in allem die Entropie vermindert wird. So kam es zur Evolution des unfruchtbaren Planeten, der unsere Erde vor drei Milliarden Jahren war, zu dem fruchtbaren Globus, der fast zur Gänze mit Lebewesen bedeckt ist.

Lebewesen sind Energiewandler, die mit Hilfe von Information

1. *Arbeit wirksamer verrichten,*
2. *eine Energieform in eine andere umwandeln und*
3. *Energie in Information umformen.*

7.5 Neubewertung der Arbeitsgleichungen

Der strukturelle Informationsgehalt von Energiewandlern ist zwar ein entscheidender Bestandteil jeder physikalischen Veränderung, die Nutzarbeit hervorruft, ist aber am Ende eines Prozesses der gleiche wie zu seinem Beginn. Wahrscheinlich ist er aus diesem Grunde in der Vergangenheit übersehen oder außer acht gelassen worden.

Während sich die strukturelle Information von Energiewandlern leicht übersehen läßt, ist dies bei der kinetischen Information ganz und gar nicht der Fall. Wenn Informationsmaschinen als Energiewandler fungieren, können sie einen gewissen Teil der Energie in kinetische Information umformen. Das gilt in besonderem Maße für Dampfmaschinen: Die Menge der kinetischen Information, die durch die Wärmezufuhr erzeugt wird, ist zu groß, um außer acht gelassen zu werden.

Wie oben dargelegt, hat die traditionelle Physik zwei Erklärungsinstrumente entwickelt, um dieser Situation gerecht zu werden – potentielle Energie und Entropie. Die kinetische Information, die von der Dampfmaschine erzeugt wird, wenn sie eine asymmetrische Verteilung energiereicher und energiearmer Wassermoleküle in den beiden durch den Kolben getrennten Kammern herbeigeführt hat, bezeichnet man als *potentielle Energie*. Der scheinbare Verlust eines Teils dieser Energie, der in Wirklichkeit einen Verlust an kinetischer Information darstellt, das heißt, der Teil der Information, der zu Wärme entwertet wird, wird *Entropie* genannt.

Der Grund, warum ich diesen Punkt immer wieder zur Sprache bringe, liegt darin, daß es meiner Meinung nach notwendig ist, die Arbeitsgleichungen so umzuschreiben, daß nicht nur die Energiezufuhr, sondern auch die Informationszufuhr berücksichtigt wird. Mit anderen Worten, die Arbeitsgleichungen müssen eine neue

Form erhalten, die dem Umstand Rechnung trägt, daß Vorrichtungen, die Nutzarbeit hervorbringen – gleichgültig, ob photosynthetische Zelle oder Dampflokomotiven –, dazu nicht nur in der Lage sind, weil sie Energie erhalten, sondern auch, weil ihnen Information zugeführt wird.

Effiziente Energiewandler – ob Dampfmaschinen oder photosynthetische Zellen, sind dank ihrer strukturellen Organisation fähig, bei einer gegebenen Energiezufuhr Q die Leistung an Nutzarbeit W zu maximieren. Die strukturelle Information I_s sorgt auf eine noch unbekannte Weise für die *Informationseingabe I*, welche die Energiezufuhr modifiziert. Man denke nur daran, wie unterschiedlich die Informationseingabe bei dem erwärmten Dampf in dem Zylinder einer funktionsfähigen Dampfmaschine und dem Dampf in einem offenen Topf mit kochendem Wasser ist.

Arbeit, welche die Entropie vermindert – „Nutzarbeit" – W_n – muß sich in irgendeiner Weise nach dieser Informationseingabe I_i richten. Offenbar ist alle Arbeitsleistung abhängig von der Energiezufuhr Q. Deshalb ist

$$W_n = f[Q, I_i] \,. \tag{7.1}$$

Diese Beziehung ist im Zusammenhang mit den obenstehenden Ausführungen über den Informationsgehalt der Energie selbst zu sehen: Q kann aus eigener Kraft erheblich zu diesem Informationsgehalt beitragen. Beispielsweise ist elektromagnetische Strahlung eine hochorganisierte Energieform, die durch hochorganisierte Resonanzstrukturen und Felder hervorgerufen wird. Das andere Extrem bildet die Wärme, die überhaupt keine Information enthält und die nur Nutzarbeit zu verrichten vermag, wenn ihr eine so sinnreiche Vorrichtung wie eine Dampfmaschine ein hohes Maß an Information zuführt. Die Thermodynamik begann mit einer Untersuchung der Dampfmaschinen.

Die strukturelle Information, die in einer Dampfmaschine enthalten ist – das heißt, ihr I_s – erfüllt zumindest zwei Informationsfunktionen: (1) Sie schafft die Voraussetzung für die Erzeugung dessen, was man im allgemeinen potentielle Energie nennt, was ich aber der kinetischen Information I_k gleichsetze, und (2) sie liefert eine Ausgleichskraft, die den Verlust von I_k an die Entropie auf ein Mindestmaß einschränkt.

In einer Dampfmaschine haben wir zunächst die *kinetische Information*, die meßbar ist als Gipfelwert der potentiellen Energie, wenn das Gefälle zwischen dem komprimierten Dampf auf der einen Seite des Kolbens und das partielle Vakuum des kondensierten Wasserdampfs auf der anderen Seite für ein maximales Ungleichgewicht sorgt. Je größer dieser Wert, desto größer die kinetische Information und desto größer infolgedessen auch die Informationseingabe I_i.

Der zweite Aspekt, die Ausgleichskraft, wird in einer Dampfmaschine durch die Wände des Zylinders und des Kolbens geliefert, der die Bewegungen der Moleküle einschränkt. Die Wände zwingen die Moleküle in die Kammer zurück, statt sie entweichen zu lassen, wie es der Fall wäre, wenn sie sich in einem Topf mit kochendem Wasser befänden. Die Bewegung des Kolbens verändert die Weglänge der Moleküle, deren Bahn parallel zur Richtung der Kolbenbewegung verläuft, und ruft dadurch eine Abkühlung hervor. Sie trägt dazu bei, daß Energie von Information überlagert wird. Auch die Verbindung des Kolbens mit den Antriebsrädern gehört zur Ausgleichskraft. Die Bewegung des Antriebrads stellt jedoch die Energieabgabe dar. Da diese Abgabe in Form von mechanischer Enrgie erfolgt, ist sie „informationshaltige" (d.h. organisierte) Energie, mit der sich weitere „Nutzarbeit" verrichten läßt (mit der man z.B. Elektrizität erzeugen oder Güter befördern kann).

Die am Beispiel der Dampfmaschine beschriebenen Prozesse – Erzeugung einer Ungleichgewichtssituation und Aufbietung einer Ausgleichskraft – sind die Grundprinzipien, nach denen alle Energiewandler arbeiten. In der Kombination der beiden Prinzipien zeigt sich die Informationszufuhr solcher Apparate. Doch die Dampfmaschine ist die extremste Erscheinungsform der Energiewandler, weil die Zufuhr Wärme ist – eine minderwertige Form der Energie, die im Gegensatz zu allen anderen Energieformen überhaupt keine Information enthält. Sie beginnt also mit einer Zufuhr von minderwertiger Energie und wandelt sie in mechanische Energie um, die Nutzarbeit zu verrichten vermag. Das leistet sie, indem sie die Dinge organisiert – ihnen Information zuführt, die sie aus den strukturellen Informationseigenschaften ihrer Organisation gewinnt.

Es ist praktisch unmöglich, alle Information zu messen, die bei der Entwicklung und dem Bau einer Dampfmaschine in sie Eingang gefunden haben. Sie ist die Summe der gesamten technischen Geschichte, nicht nur der Geschichte der Dampfmaschinen, sondern auch der Metallkunde, des Maschinenbaus, der Produktionsplanung und so fort, dazu der Information, die in den Rohstoffen enthalten ist, der aufgewendeten Energie (mechanischer, elektrischer oder anderer Art) und vor allem der Fertigkeiten und Ausbildung der Arbeiter, Techniker und Manager, die den Stahl, die verschiedenen Bauteile und schließlich die fertige Maschine herstellen. Zum gegenwärtigen Zeitpunkt dürfte uns der Versuch, die Summe aller dieser verschiedenen in die Maschine eingegangenen Informationen zu quantifizieren, vor unlösbare Probleme stellen.

Ich möchte es deshalb mit einem anderen Ansatz versuchen: um den Wert aller Informationseingaben I_i zu bestimmen, untersuche ich ihren Einfluß auf die Abgabe – insbesondere betrachte ich den Wirkungsgrad η, mit dem die Energieaufnahme Q in Nutzarbeit W_n umgewandelt wird:[9]

Als Maß für den Wirkungsgrad dient das Verhältnis aus abgegebener Arbeit zu aufgenommener Wärme:

$$\eta = W/Q \,. \tag{7.2}$$

Dieses Verhältnis läßt sich durch einen Vergleich zwischen dem Kalorienwert der Wärmezufuhr und der abgegebenen Arbeit bestimmen. Je größer der Wert dieses Quotienten, desto mehr Wärme ist in Arbeit umgewandelt, desto größer also der Wirkungsgrad. Der maximal mögliche Wirkungsgrad läßt sich aus der Beziehung zwischen der Temperaturzufuhr T_{in} und der Temperatur in der Umgebung des Systems T_{out} errechnen. Im Falle einer Dampfmaschine handelt es sich dabei um den Quotienten aus der Temperatur des Dampfkessels und der Temperatur in der Umgebung der Maschine.

---

[9] Der Autor dankt N. McEwan und J. Noras für die anregenden Diskussionen, die zu diesen Berechnungen führten.

$$\eta_{\max} = 1 - T_{\mathrm{out}}/T_{\mathrm{in}} \ . \tag{7.3}$$

Nehmen wir nun an, der Wirkungsgrad sei von der Informationseingabe I_i abhängig, für die die strukturelle Information der Dampfmaschine sorgt. Insbesondere vergleichen wir den *tatsächlichen* (aktuellen) Wirkungsgrad mit dem *maximal* möglichen Wirkungsgrad:

$$\eta_{\mathrm{act}}/\eta_{\max} = f(I_i) \ . \tag{7.4}$$

Dabei könnte die Beziehung wie folgt aussehen: Wenn die Informationseingabe gegen Unendlich strebt, nähert sich der tatsächliche Wirkungsgrad seinem maximal möglichen Wert, wenn dagegen die Eingabe gleich null ist, so ist es auch der tatsächliche Wirkungsgrad. Diese Beziehung ließe sich wie folgt ausdrücken:

$$\eta_{\mathrm{act}}/\eta_{\max} = 1 - \exp(-cI_i) \tag{7.5}$$

oder:

$$I_i = -\log\left[1/c\right]\left[1 - \eta_{\mathrm{tat}}/\eta_{\max}\right] \ . \tag{7.6}$$

Diese beiden Gleichungen sind jedoch nicht die einzigen, mit denen sich die Beziehung zwischen Informationseingaben und Wirkungsgrad beschreiben läßt. Das Problem ist noch nicht gelöst und bleibt eine Aufgabe für den Informationsthermodynamiker.

Man kann den relativen Wert der Informationseingaben aber auch bestimmen, indem man die resultierenden Entropiewerte vergleicht. Das heißt, man mißt das Verhältnis zwischen der Entropie eines Systems, das pro gegebener Energieeinheit Nutzarbeit verrichtet, und der Entropie, die entsteht, wenn die gleiche Energiemenge völlig verlorengeht. Mit dem Umrechnungsfaktor, der am Ende von Kap. 4 entwickelt wurde ($1\,\mathrm{J/K} = 10^{23}$ Bits), und dem Verhältnis der unterschiedlichen Entropieergebnisse ließe sich so den Informationseingaben ein Wert zuweisen.

7.6 Messung des Informationsgehaltes elektrischer Arbeit

Wie erwähnt, ist die Dampfmaschine der Extremfall eines Energiewandlers, weil die von dem System aufgenommene Energie Wärme ist, eine Energieform, die bar aller Information ist. Deshalb täte der Informationsthermodynamiker wahrscheinlich besser daran, sich mit einem System wie beispielsweise dem Elektromotor zu beschäftigen, der elektrische Energie aufnimmt, also eine hochorganisierte Energieform, das heißt, eine Energie, die von Beginn an eine beträchtliche Informationseingabe aufweist.

Bei einem Elektromotor läßt sich der Wirkungsgrad ohne Schwierigkeit bestimmen. Nicht nur indem man die aufgenommene elektrische Energie mit der abgegebenen mechanischen Energie vergleicht, sondern auch indem man mißt, wieviel Energie als Wärme verlorengeht (zu ihr entwertet wird). Je weniger als Wärme verlorengeht, desto größer der Wirkungsgrad des Systems und desto größer auch die Informationsmenge, die in das System eingegeben worden sein muß. Diese Informationseingabe I_i hängt von zwei Aspekten der strukturellen Information I_s ab, die der Motor enthält: Der erste ist die Architektur – die Form des Magneten und seiner Pole, die Ankerwicklung und so fort, der zweite Aspekt wird durch die Beschaffenheit des verwendeten Materials bestimmt, sowohl des Magnetkerns als auch der Leiter – eine Frage, die heute, da man Hochtemperatur-Supraleiter zu verwenden beginnt, von großem Interesse ist.

Ein elektrischer Strom, der in einem Leiter fließt, bringt uns zu einer weiteren wichtigen Überlegung, vorausgesetzt die Argumentation in Kap. 4 ist zutreffend: Wenn ein Joule pro Grad annähernd 10^{23} Bits entsprechen, dann läßt sich daraus errechnen, daß ein Elektronenvolt $1,6 \times 10^4$ Bits entspricht, denn ein Eletronenvolt sind $1,6 \times 10^{-19}$ Joule:

$$1\,\mathrm{ev/K} \sim 1,6 \times 10^4 \ \mathrm{Bits} \ . \tag{7.7}$$

Ein Elektronenfluß, das heißt, ein elektrischer Strom wird in Ampere gemessen. Wenn die obenstehenden Überlegungen zutreffen, dann entspräche ein elektrischer Strom von einem Ampere, der in einem elektrischen Stromkreis fließt, pro K einer Informationsübertragung mit einer Rate von ungefähr 10^{23} Bits/Volt/Sekunde. Das vertrüge sich mit der Vorstellung, daß eine Bewegung von Ladungen eine Veränderung in der Organisation des Universums hervorruft und von der Temperatur abhängig ist. Wenn dagegen alle elektrishe Arbeit als Wärme an einem Widerstand verlorengeht, dann ist das möglicherweise, wie oben erläutert, ein Maß für die Information, die an die Entropie abgegeben wird.

Leider wird es selbst bei einem System wie dem Elektromotor – einem System, das sich relativ gut dazu eignet, die Beziehungen zwischen struktureller Information I_s und den tatsächlichen Informationseingaben I_i zu untersuchen – noch einige Zeit dauern, bevor man in irgendeiner quantitativen Weise die Beziehung I_s/I_i wird bestimmen können.

Andererseits wird man durch einen Vergleich zwischen verschiedenen Systemen möglicherweise feststellen können, ob die Konstante c in den Gln. (7.5) und (7.6) universell anwendbar ist oder immer nur für ein bestimmtes Energiewandler-System gilt.

Schließlich ist noch ein weiterer Aspekt der elektrischen Arbeit zu berücksichtigen: die exakte Beziehung zwischen der *aufgenommenen Arbeit W* und der *erzeugten kinetischen Information* I_k:

Die potentielle Energie U eines elektrischen Systems, etwa eines aufgeladenen Akkumulators, ist gleich der Arbeit, die erforderlich ist, um die potentielle Energie hervorzubringen. Das heißt:

$$W = U \ . \tag{7.8}$$

In einem hochorganisierten System, wie es ein Akkumulator ist, bedeutet der *aufgeladene Zustand* eine thermodynamisch höchst unwahrscheinliche Bedingung mit geringer Entropie, die vom Gleichgewicht ein gutes Stück entfernt ist. Der Informationsgehalt ist also hoch. Das würde sich mit der Annahme deken, nach der potentielle Energie eine Form von Information, genauer, kinetischer Information I_k, ist. Gleichung (7.8) $W = U$ läßt darauf schließen, daß die erzeugte kinetische Information I_k exakt gleich der aufgewendeten Arbeit ist, zumindest soweit es die elektrische Arbeit betrifft. Mithin läßt ein aufgeladener Akkumulator den Schluß zu, daß *der kinetische Informationsgehalt eines Systems der Arbeit direkt proportional ist, die man braucht, um diesen Imformationsgehalt zu erzeugen.*

Literatur

D.C. Youvan und B.L. Marrs (1987), Molekularmechanismen der Photosynthese, Scientific American, 256 (6), S. 42–48

8. Zusammenfassung und Schluß

8.1 Einleitung

Das vorliegende Buch ist der erste Schritt zur Entwicklung einer allgemeinen Informationstheorie. Seine Hauptthese lautet, daß „Information" nicht nur ein Produkt des menschlichen Geistes ist – ein mentales Konstrukt, mit dessen Hilfe wir unsere Welt besser verstehen –, sondern auch eine Eigenschaft des Universum, so real wie Materie und Energie.

Das zweite Thema ergibt sich unmittelbar aus dem ersten: Wenn „Information" genauso zur physikalischen Realität gehört wie Materie und Energie, dann müssen die Begriffe und Theorien der Physik einer neuerlichen Prüfung unterzogen werden. Im verbleibenden Teil des Buches beschäftige ich mich deshalb mit den Implikationen der „Informationsphysik".

8.2 Grundthesen

Die Grundthesen der Informationsphysik lassen sich wie folgt zusammenfassen:

1. Die Struktur des Universums besteht aus mindestens drei Komponenten: Materie, Energie und Information; Information gehört ebenso untrennbar zur Struktur des Universums wie Materie und Energie.
2. Physikalische Information zeichnet sich durch mindestens drei Faktoren aus: Erstens und vor allem findet sie ihren Ausdruck in Organisation. Zweitens ist sie eine Funktion der thermodynamischen Unwahrscheinlichkeit. Drittens hängt der Informationsgehalt eines Systems von der Menge an „Nutzarbeit" ab, die erforderlich ist, um ihn zu erzeugen.
   a. Jedes System, das in zeitlicher oder räumlicher Hinsicht Organisation besitzt – manifest oder inhärent –, enthält Information. Was die Masse für die Manifestation der Materie und die Wärme für die der Energie ist bedeutet die Organisation für die Manifestation der Information.
   b. Die Information I ist der reziproke Wert der Boltzmannschen Wahrscheinlichkeitsfunktion W und steht deshalb in exponentieller Beziehung zum negativen Wert der Entropie S. Veränderungen in der Entropie sind ein Maß sowohl für Veränderungen in der thermodynamischen Wahrscheinlichkeit als auch für Veränderungen in der Organisation. Die Beziehung zwischen Entropie und Information liefert die allgemeine Gleichung:

$$S = k \ln(I_0 / I) \, .$$

c. Unter ansonsten gleichen Bedingungen wird der Informationsgehalt eines Systems durch den Betrag an „Nutzarbeit" bestimmt, der erforderlich ist, um diesen Informationsgehalt hervorzubringen. Informationsverarbeitung ist eine Form von Arbeit. Ein Joule Energie pro Grad (K) entspräche, wenn man sie in reine Information umwandeln könnte, ungefähr 10^{23} Bits.

3. Physikalische Information kann in vielerlei Form vorliegen: Zeit, Entfernung und Richtung, die Konstanten der Gleichung, die die physikalische Welt beschreiben, die Informationseigenschaften von Materieteilchen, die Informationseigenschaften von verschiedenen Energieformen – sie alle repräsentieren verschiedene Informationsformen. Wichtig für die Analyse von Systemen, die Arbeit verrichten, ist die Unterscheidung zwischen *struktureller Information*, die die Organisation von Materie und Energie wiedergibt, und *kinetischer Information*, das heißt, der Information, die ein System erwirbt, wenn es in eine thermodynamisch weniger wahrscheinliche Ungleichgewichtssituation eintritt.

4. Energie und Information sind ineinander umformbar. In einer Ungleichgewichtssituation ist die potentielle Energie der kinetischen Information äquivalent. Beim Aufladen eines Akkumulators gilt die Entsprechung:

$$1\,\mathrm{ev/K} \sim 1,6 \times 10^4 \text{ Bits} \, .$$

5. Der Entropiezuwachs, der mit Energieprozessen verbunden ist, zeigt die Entwertung der zugeführten (kinetischen) Information zu Wärme an. Eine Entropieinheit entspricht ungefähr 10^{23} Bits/Mol oder

$$1\,\mathrm{J/K} = 10^{23} \text{ Bits} \, .$$

6. Wärme ist eine Energieform bar aller Information. Der Begriff „Wärme" in dem hier verwendeten Sinne entspricht dem Verhalten nichtkodierter Phononen in einem Kristall oder den zufälligen Bewegungen von Molekülen in einem Gas. Wärme ist eine Bewegungsenergie, die bestrebt ist, Systeme zu *desorganisieren*.

7. Will man Nutzarbeit aus einem System gewinnen, so genügt es nicht, ihm nur Wärme zuzuführen, man muß ihm auch Information eingeben (angewandte Information). Die Arbeitsabgabe eines jeden Prozesses hängt von dem Produkt aus Masse oder Energie und Information ab.

8. Von der Wärme abgesehen, enthalten alle Energieformen eine Informationskomponente.

9. In den physikalischen Konstanten kommen die Algorithmen der Natur zum Ausdruck. Sie zeigen die Ordnung von physikalischen Systemen oder Ereignissen. Im mathematischen Ausdruck dieser Konstanten äußert sich die Art und Weise, wie der Mensch die natürliche Ordnung wahrnimmt.

8.3 Geschichtlicher Rückblick

„Energie" als exakt definierter Begriff mit einer eigenen physikalischen Realität ist eine relativ junge Errungenschaft der menschlichen Geschichte. Die systematische Erforschung der „Kräfte" begann erst, nachdem solche Kräfte durch menschliche Erfindungen scheinbar „erzeugt" wurden. Galilei war ein Militäringenieur, der die Flugbahnen von Kanonenkugeln untersuchte. Entsprechend begründeten Carnot und seine Kollegen im 19. Jahrhundert die Thermodynamik erst, nachdem man ein Jahrhundert lang Erfahrungen mit Dampfmaschinen gesammelt hatte.

Experimente intensivieren den Umgang mit physikalischen Parametern. Auf diese Weise gewinnt man neue Erfahrungen. Faraday war ein solcher Experimentator. Er beschrieb und interpretierte seine Experimente über die Elektrizität und den Magnetismus in präzisen, wenn auch nicht mathematischen Begriffen. Und ebenso brillant, wie Newton die von Galilei beschriebenen Kräfte erklärte, entwickelte Maxwell später eine mathematische Theorie für Faradays Experimente.[10]

Wir sind heute in einer vergleichbaren geschichtlichen Situation. Der Begriff „Information" als eigenene, unabhängige Wirklichkeit ist ein Resultat jüngerer historischer Erfahrungen. Drei sind von besonderer Bedeutung:

Erstens, die Erfahrungen der Telegraphen-, Telefon- und Radiotechniker, die den Übertragungswirkungsgrad steigern wollten. Es ist kein Zufall, daß zu den ersten, die „Information" als unabhängige, abstrakte Größe behandelten, Ingenieure wie R.V.L. Hartley gehörten, der 1928 Information als eine Größe definierte und eine Gleichung entwickelte, mit der sie sich messen ließ (vgl. Cherry 1978).

Zweitens und vor allem haben wir jetzt mehr als vier Jahrzehnte Erfahrung mit Elektronenrechnern. Diese Geräte, die ursprünglich entwickelt wurden, um lange und mühsame mathematische Probleme zu lösen, also als Rechenhilfen dienen sollten, entwickelten sich rasch zu Informationsverarbeitungssystemen von zunehmender Komplexität und Raffiniertheit. Sie führten vor Augen, daß sich menschliche Information außerhalb des menschlichen Gehirns nicht nur speichern, sondern auch verarbeiten läßt. Das war etwas radikal Neues.

Solange menschliche Information statisch war, etwa in Gestalt von Büchern in einer Bibliothek, fand niemand sie besonders verwunderlich und aufregend. Aus psychologischer Sicht wirkte sie tot. Die Erfahrung von Bibliothekaren oder der aufgeklärten Enzyklopädisten des 18. Jahrhunderts – die Erfahrung, die sie bei dem Versuch gewannen, menschliche Information zu klassifizieren –, führte nie zu der Hypothese, daß Information als unabhängige Kraft im Universum existieren könnte.

Der Computer hat diese Vorstellung verändert – wir verstehen Information nicht mehr als rein statisch. Im Inneren eines Computers scheint sie eine eigene Dynamik zu gewinnen – als ob sie lebendig wäre. Die eindrucksvolle Entwicklung in diesem Bereich eroberte rasch unsere gesamte Kultur. Wörter und Redewendungen wie „Input", „Output", „Informationsverarbeitung" und „Interface" wur-

---

[10]Auf die Frage, was seine größte Entdeckung gewesen sei, soll Faraday "Maxwell" geantwortet haben (Maxwell hatte als Assistent in seinem Labor gearbeitet).

den auf computerfremde Situationen übertragen. Für die Psychologen wurde das Gehirn zum hochkomplexen, biologischen Informationsverarbeitungssystem.

Der dritte wichtige Strang unserer jüngeren geschichtlichen Erfahrung führt zurück zu den Entdeckungen der Molekularbiologie. Der eindeutige Nachweis, daß komplexe Moleküle wie die DNA Träger der genetischen Information sind bestätigt eigentlich nur, was dem kollektiven Bewußtsein seit langem vertraut ist. Die Genetik erklärte, was in Jahrtausenden der Tier- und Pflanzenzucht geleistet worden war, und was die alltägliche Beobachtung, daß Kinder häufig ihren Eltern ähneln, zu bedeuten hat.

Wie sich herausstellte, ist diese genetische Information, die von einer Generation auf die andere übertragen wird, in einem unbelebten, aperiodischen Kristall enthalten. Beide – das Kristall, das diese Information speichert, wie der Code – gab es schon mindestens eine Milliarde Jahre, bevor das Gehirn auf der Bildfläche erschien. Offenbar kann Information Erscheinungsformen annehmen, die nichts mit dem Menschen zu tun haben.

8.4 Warum hat man die Information übersehen?

Wenn die Information wirklich eine Grundeigenschaft des Universums ist, warum ist sie dann bislang der Aufmerksamkeit der Physiker entgangen?

Dafür gibt es mindestens zwei Gründe: Erstens bestand, wie bereits dargelegt, kein dringendes Bedürfnis, Information gesondert zu definieren und zu untersuchen, bevor sich die Informatik als wissenschaftliche Disziplin etablierte. Allererste Anzeichen für die Notwendigkeit, Information als abstrakte Einheit zu behandeln, begannen sich erst Anfang des 20. Jahrhunderts abzuzeichnen, als die Fernmeldetechniker vor der Aufgabe standen, sie zu übertragen.

Der zweite Grund dafür, daß die Informationskomponente so leicht zu übersehen ist, liegt in ihrer Allgegenwart und Augenfälligkeit. Man setzt sie einfach als „gegeben" voraus. Auch Entfernung und Zeit sind allgegenwärtig und augenfällig. Sie sind das „Gegebene", dank dessen wir Bewegung beschreiben können. Und die Beschreibung von Bewegung ist das Kardinalprinzip, auf das sich die Physik gründete und das sie heute noch durchdringt.

Damit verwandt ist der Aspekt, daß Information und Energie sehr leicht ineinander umformbar sind. So war es dem Physiker fast immer möglich, die mathematische Beschreibung verschiedener Phänomene und Prozesse, an denen Informationsveränderungen beteiligt waren, als Energieveränderungen darzustellen. Nur gelegentlich schien die Energie zu verschwinden; dann mußten neue Begriffe wie Entropie oder potentielle Energie erfunden werden, um das System im Gleichgewicht zu halten.

Entscheidend war jedoch der erste Grund – es gab keine dringende Notwendigkeit, nach der Information zu suchen, bevor die modernen Informationsverarbeitungssysteme eine allgemeine Informationstheorie erforderlich machten.

8.5 Die Notwendigkeit von Modellen und Theorien

Alle höheren Intelligenzformen haben in ihrem Gedächtnisspeicher eine Abbildung – ein Modell – des Universums. Die biologische und – beim Menschen – kulturelle Evolution einer Auffassung vom Universum, einer Kosmologie, hat Geza Szamosi (1986) einer scharfsinnigen Analyse unterzogen. Dieses Bedürfnis, sich eine geistige Abbildung anzufertigen, erklärt, daß alle menschlichen Kulturen eine staunenswerte Erfindungsgabe darin beweisen, sich ein mentales Konstrukt des Universums herzustellen. Diese Konstrukte sind mit großem theoretischen Aufwand entworfen und erklären die unterschiedlichsten Phänomene – von Krankheiten bis zum Wetter. Gewöhnlich berufen sich solche Theorien auf die Existenz übernatürlicher Wesen, die mit übernatürlichen Kräften ausgestattet sind und eine Vielzahl ansonsten menschlicher Tätigkeiten ausführen. Im Gegensatz dazu haben die modernen Naturwissenschaften eine Kosmologie entwickelt, die ohne anthropomorphe Modelle auskommt und deren Vorhersagewert sich – von Krankheiten bis zum Wetter – als weit genauer erwiesen hat. Daß die moderne Wissenschaft in der Lage ist, Infektionskrankheiten zu erklären – und infolgedessen, ihnen vorzubeugen und sie zu behandeln –, gehört zu ihren größten Erfolgen und erklärt wahrscheinlich weitgehend, warum sie von fast allen Kulturen der Erde so einhellig übernommen wurde.

Die Modellbildung hat jedoch noch einen weiteren Aspekt – die Verwendung der Mathematik als des wichtigsten Elementes der Modellkonstruktion. Je weiter man die Mathematik entwickelte, desto mehr und bessere Modelle lieferte sie. Verblüffenderweise wußte sie sogar Modelle für Phänomene bereitzustellen, die noch gar nicht entdeckt waren. Beispielsweise ließ sich aus Diracs mathematischen Gleichungen auf negative Energiezustände schließen, womit sie die Existenz von Antimaterie vorwegnahmen. Die moderne Wissenschaft war also nicht nur in der Lage, Theorien zu entwickeln, die existierende Phänomene erklären konnten, sondern auch Theorien, die noch nicht entdeckte Phänomene zu erklären vermochten. Die traditionelle Modellbildung bestand im wesentlichen darin, unerklärte Phänomene zu beobachten und nach einer Theorie zu suchen. Dagegen gibt es in der Modellbildung der modernen Wissenschaft auch eine Methode, die unerklärte Theorien entwickelt und nach den dazugehörigen Phänomenen sucht. So gibt es in der Geschichte viele Beispiele, wo Philosophen und Wissenschaftler abstrakte Theorien entwarfen, die, obschon sehr elegant, zu ihrer Zeit keine Anwendungsmöglichkeit zu haben schienen, die aber in der Folgezeit entscheidend für die Entwicklung anderer, praktischer Anwendungsfelder wurden. Die Boolesche Algebra, die lange nach ihrer Entstehung in der Computertechnik Verwendung fand, ist ein solches Beispiel.

8.6 Die Bedeutung der Informationsphysik für eine allgemeine Informationstheorie

Die Informationsphysik wird dann zu einer anerkannten und nützlichen Wissenschaft werden, wenn sich die hier vorgelegten Überlegegungen einerseits in geeigneter Weise quantifizieren und andererseits durch Beobachtungen oder Experimente verifizieren läßt. Die Informationsphysik brauchte jetzt einen Clerk Maxwell.

Es gibt jedoch noch einen anderen Gesichtspunkt – die Notwendigkeit, eine allgemeine Informationstheorie zu entwickeln. Um eine solche Theorie zu bilden, müssen wir mit dem fundamentalsten Aspekt der Information beginnen. Und der ist kein Konstrukt des menschlichen Geistes, sondern eine Grundeigenschaft des Universums. Jede allgemeine Informationstheorie muß mit den physikalischen Informationseigenschaften beginnen, die sich im Universum manifestieren. Das muß geschehen, bevor wir versuchen, die verschiedenen und sehr viel komplexeren Formen der menschlichen Information zu verstehen. Als nächstes wäre die Evolution nicht-physikalischer Informationssyteme zu untersuchen – zunächst der biologischen, dann der menschlichen und kulturellen Sphäre.

Wenn sich die Informationsphysik dann – hoffentlich – weiterentwickelt, werden sich neue Erkenntnisse ergeben, die uns ein eingehenderes Verständnis des Informationsbegriffes ermöglichen. Doch schon heute sind bestimmte Grundprinzipien erkennbar. Vielleicht am wichtigsten ist die Rolle der Verknüpfungsmechanismen oder Bindungen, welche die Organisation bestimmen. Das zeigt eine Untersuchung der Erscheinungen, die mit Entropieveränderungen einhergehen (Kap. 3–5): Entropiezunahmen sind unvermeidlich mit einem Organisationsverlust verknüpft. Die spektakulärsten Veränderungen, wie etwa das Schmelzen eines Kristalls oder das Verdampfen einer Flüssigkeit, treten auf, wenn eine bestimmte Art von Bindungen völlig aufgehoben wird und der Materiekörper in kleinere, nicht-koordinierte Einheiten zerfällt. Betrachtet man die Reihe der Diskontinuitäten, die sich bei der Entwicklung vom Eiskristall zum Quagma ergeben, so wird dieser Zusammenbruch der Organisation deutlich: Eiskristalle, flüssiges Wasser, Dampf, Atome und Ionen des Wasser- und Sauerstoffs, Elektronen und Ionen allein, Nukleonen und Atomfragmente, Nukleonen, Quarks. An jedem Punkt bedeutet der Organisationsverlust den Fortfall von Bindungen, die Untereinheiten zu komplexeren, organisierteren Strukturen zusammenschließen. Im Verschwinden dieser Bindungen drückt sich der Informationsverlust aus, der mit den deutlichen Entropiezuwächsen bei den Diskontinuitäten verknüpft ist.

Wenn man also versucht, den absoluten Wert eines Eiskristalls zu bestimmen, muß man den Informationswert der Bindungen kennen, die die Wassermoleküle zu einer stabilen Kristallstruktur zusammenschließen, die aus den Atomen des Wasser- und des Sauerstoffs Wassermoleküle bilden, die für die Anbindung der Hüllenelektronen an ihren Atomkern sorgen, und die schließlich die Quarks in den Nukleonen zusammenhalten, aus denen die Atome des Wasser- und des Sauerstoffs bestehen. Bekannt sein muß ferner der Informationswert der verschiedenen

Quarkarten und die Gesamtzahl jeder dieser Arten, die in einem Eiskristall enthalten sind. Das heißt, wenn Quarks die kleinsten Informationseinheiten sind (was wahrscheinlich nicht zutrifft), ergibt ihre Gesamtzahl einen der Faktoren, die den totalen Informationsgehalt des Kristalls bestimmen.

Während auf der Hand liegt, daß sich der Informationsgehalt eines Systems nach der Zahl der im System enthaltenen Informationsuntereinheiten richtet, ergibt sich aus einer informationsphysikalischen Betrachtungsweise der Entropie (im Gegnsatz zum thermodynamischen Entropieverständnis) der Schluß, daß die Grundlage der Organisation die Verknüpfung einfacherer Einheiten zu komplexeren Systemen ist.

Lautet das erste Axiom einer allgemeinen Informationstheorie:

Information ist eine Grundeigenschaft des Universums,

so folgt aus den vorstehenden Überlegungen das zweite Axiom:

Die in einem System enthaltene Information ist eine Funktion der Bindungen, die einfachere zu komplexeren Einheiten zusammenschließen.

Aus diesem zweiten Axiom wiederum läßt sich der Satz ableiten:

Die Organisation des Universums weist eine Hierarchie von Informationsebenen auf.

Information bildet also nicht nur die innere Struktur des Universums, sondern ist ihrerseits auch in Schichten von zunehmender Komplexität organisiert. In einer vorgesehenen Arbeit *(Beyond Chaos)* möchte ich mich näher mit dieser Komplexität beschäftigen und die Analyse um das biologische Konzept der „Differenzierung" erweitern. Hier soll der Verweis auf Abb. 3.2 genügen, in der die Beziehung zwischen Information und Entropie dargestellt ist, und auf die Ausführungen in Kap. 4, die sich auf diese Abbildung beziehen, um uns daran zu erinnern, daß die Informationsmenge nach oben hin offenbar keine Grenze kennt. Das ergibt sich aus dem Umstand, daß Information nicht nur Materie und Energie organisieren kann, sondern auch *Information* – ein Prozeß, der sich beispielsweise in unseren Gehirnen und unseren Computern ereignet.

Ein weiterer wichtiger Begriff für das Verständnis von Information ist der der *Resonanz.* Die Merkmale von übertragener physikalischer Information, zum Beispiel von elektromagnetischer Strahlung oder Schall, hängen von der strukturellen Information des Senders in Gestalt seiner Resonanz ab. Um diese übertragene Information wirksam aufzunehmen und zu verarbeiten, muß auch der Empfänger auf diese Resonanz abgestimmt sein. Ähnlich verhält es sich bei dem Versuch, menschliche Information zu vermitteln.

Ich habe die vorstehenden Prinzipien in dieser Arbeit zwar nur auf Atome und Kristalle angewendet, aber sie sind sicherlich auch auf biologische und soziale System übertragbar – sogar auf menschliche Informationssysteme wie Computer und Sprache.

8.7 Abschließende Überlegungen

Das in diesem Buch vorgelegte Material ist nur eine *Einleitung* zu einem alternativen Verständnis physikalischer Phänomene. Dazu gehört eine völlig neue Interpretation lange gültiger Begriffe – Interpretationen, die teils intuitiv einleuchten, sich aber teils auch als falsch erweisen mögen. Trotzdem ist es ein Anfang.

Es gab einmal eine Zeit, da wurde das Licht in Kerzenzahlen, die Wärme in Kalorien, der Schall in Dezibel, die Elektrizität in Volt und so fort gemessen. In vergleichbaren Anfängen befindet sich heute die Messung des Informationsgehaltes. Die vielfältigen Erscheinungsformen der Information wird man zunächst auch weiterhin duch so verschiedene Einheiten wie Bits, Meter, Sekunden, elektrische Ladungen, Nukleotide, Buchstaben und so fort bezeichnen.

Ein weiterer Nachteil der vorliegenden Arbeit ist ihr Mangel an Vorhersagevermögen. Einsteins Relativitätstheorie sagte vorher, daß das Gravitationsfeld der Sonne Lichtstrahlen beuge und daß man deshalb in der Lage sein müsse, hinter der Sonne befindliche Sterne zu sehen. Beobachtungen während der nächsten Sonnenfinsternis bestätigten diese Voraussage. Wenn es möglich wäre, ein Experiment zu entwerfen, das einen näherkommenden schwarzen Stern „sichtbar" machen könnte, so wäre das ein gewichtiger Beleg für die „Infonentheorie".

Wie allgemein bekannt, verlangt Popper, daß eine Theorie falsifizierbar ist. Insofern könnte man natürlich die Auffassung vertreten, daß der größte Teil der hier vorgelegten Überlegungen nicht wissenschaftlich sei. Doch wenn auch vieles unbewiesen ist, so ist es doch großenteils vernünftig. Das manches spekulativ ist, kann und will ich nicht bestreiten. Doch diese Argumente fassen sehr verschiedene Beobachtungen zusammen und bilden ein schlüssiges Erklärungssystem. Sie berücksichtigen auch einige bekannte Paradoxa. Wieder läßt sich auf eine historische Analogie verweisen – die von Darwin und Wallace vorgeschlagene Evolutionstheorie. Damals gab es die wissenschaftliche Disziplin der Genetik noch nicht, so daß keine experimentelle Verifizierung möglich war. Trotzdem bot die Evolutionstheorie für eine Vielzahl von Daten eine neue und einleuchtende Deutung, ohne damals falsifizierbar zu sein.

Durch die Einführung der Information als des grundlegenden Faktors für die Analyse physikalischer Phänomene ergibt sich eine große Zahl von Möglichkeiten, vorliegende Beobachtungen und Theorien einer neuen Deutung zu unterziehen. Zahlreiche gegenwärtig gültige Auffassungen müßten modifiziert und, in einigen Fällen, aufgegeben werden. Information besitzt physikalische Wirklichkeit; Information und Energie sind wechselseitig ineinander umformbar; potentielle Energie ist eine Form von Information; Entropie steht in umgekehrter Beziehung zu Information und kann, als Ausdruck des Informationsgehaltes des Systems, einen negativen Wert annehmen (und damit scheinbar gegen den Dritten Hauptsatz der Thermodynamik verstoßen); das Coulomb stellt eine Informationseinheit dar, während das Ampere Einheiten der Information in Bewegung ausdrückt – der Information, die die Organisation des Universums verändert.

Sehr viel weiter gehen die Spekulationen, die im Anhang zur englischen Ausgabe präsentiert wurden. Sollten sie zutreffen, wären weitere Paradigmenwechsel erforderlich. So ergibt sich aus einer Informationstheorie beispielsweise für die Teilchenphysik, daß die Grundstruktur des Universums nicht nur aus Fermionen und Bosonen, sondern auch aus Infonen besteht. Das heißt, es gibt eine Klasse von Teilchen, die weder Masse noch Impuls besitzen, deren Bewegungen aber im wesentlichen die innere Struktur der Materie reorganisieren. Zu den Infonen würden auch Teilchen wie Phononen, Excitonen und die von emittierten Elektronen zurückgelassenen Löcher in Atomhüllen gehören. Möglicherweise liegen also nicht nur Materie und Energie in Teilchenform vor, sondern auch Information.

Sobald sich die Informationsphysik etabliert hat, wird sie sich unmittelbar auf die Thermodynamik auswirken. Alle drei Hauptsätze müssen neu bewertet und in Übereinstimmung mit den hier erläuterten Grundsätzen erweitert werden. Wenn wir die Information als Parameter einführen, so lassen sich Natur und Grenzen thermodynamischer Prozesse sehr viel klarer einschätzen. Umgekehrt bietet die Thermodynamik der Informationsphysik aber auch einen Ansatz, um die Umwandlung von Energie in Information zu quantifizieren, weil sich die Thermodynamik seit jeher, wenn auch unwissentlich, mit der Beziehung zwischen Energieveränderungen und Informationsveränderungen befaßt.

Da die These, nach der die Entropie zum Ausdruck bringt, wie wahrscheinlich der Zustand eines Systems ist – und daraus folgend, wie geordnet oder ungeordnet es ist –, weitgehend von Boltzmann stammt, möchte ich die vorliegende Untersuchung mit einem Zitat aus seinen *Vorlesungen über Gastheorie* beschließen (Teil II, 1898, S. 257f). Boltzmann erörtert die Anwendung des Zweiten Hauptsatzes der Thermodynamik auf das Universum und beschäftigt sich in diesem Zusammenhang mit dem „Wärmetod jeder Einzelwelt", d.h. der „einseitigen Änderung des ganzen Universums von einem bestimmten Anfangs- gegen einen schließlichen Endzustand". Dazu merkt er an: „Gewiss wird Niemand derartige Speculationen für wichtige Entdeckungen oder gar, wie es wohl die alten Philosophen thaten, für das höchste Ziel der Wissenschaft halten. Ob es gar gerechtfertigt ist, sie als etwas völlig müssiges zu bespötteln, könnte noch fraglich sein. Wer weiss, ob sie nicht doch den Horizont unseres Ideenkreises erweitern und durch Erhöhung der Beweglichkeit der Gedanken auch die Erkenntniss des erfahrungsmässig Gegebenen fördern?"

Ich lege die Gedanken auf den vorstehenden Seiten in der Hoffnung vor, unser Verständnis der Erfahrungstatsachen zu fördern und den Ideenkreis zu erweitern, der von Boltzmann angelegt und von Schrödinger ausgebaut wurde.

Literatur

L. Boltzmann, *Vorlesungen über Gastheorie*, Gesamtausgabe, Band 1, Einleitung, Anmerkungen und Bibliographie von Stephen G. Brush, Graz, Akademische Verlagsanstalt, 1981
C. Cherry (1978), *On Human Communication*, 3. Auflage, Cambridge (Mass.), MIT Press
G. Szamosi (1986), *The Twin dimensions: Inventing Time and Space*, New York, McGraw-Hill

Sachverzeichnis